仿电磁学算法在水火电力系统 节能调度中的应用

郭壮志　著

U0343827

黄河水利出版社

·郑州·

内 容 提 要

本书紧密围绕节能调度背景下水火电力系统的联合调度控制问题开展研究,详细阐述了水火电力系统节能调度原理、节能调度模型建模机制和决策求解方法,主要内容包括水火电力系统节能运行理论、梯级水电站蓄能利用最大运行策略、水火电力系统节能调度模型建模原理、风火储电力系统储能容量优化配置原理与协调调度机制、节能调度模型决策求解的仿电磁学算法。

本书可作为从事电力系统调度工作的科研人员、工程技术人员和技术管理人员的参考书,也可作为普通高等院校电力系统及其自动化专业研究生的辅导教材。

图书在版编目(CIP)数据

仿电磁学算法在水火电力系统节能调度中的应用/
郭壮志著. —郑州:黄河水利出版社,2016.12
ISBN 978 - 7 - 5509 - 1659 - 3

Ⅰ.①仿… Ⅱ.①郭… Ⅲ.①电磁学 - 算法 - 应用 - 水
力发电站 - 节能 - 调度 - 研究②电磁学 - 算法 - 应用 - 火
电站 - 节能 - 调度 - 研究 Ⅳ.①TV74②TM621

中国版本图书馆 CIP 数据核字(2016)第 320620 号

出 版 社:黄河水利出版社
　　　地址:河南省郑州市顺河路黄委会综合楼 14 层 邮政编码:450003
发行单位:黄河水利出版社
　　　发行部电话:0371 - 66026940、66020550、66028024、66022620(传真)
　　　E-mail:hhslcbs@126.com
承印单位:河南承创印务有限公司
开本:787 mm × 1 092 mm 1/16
印张:11.25
字数:200 千字　　　　　　　　　印数:1—1 000
版次:2016 年 12 月第 1 版　　　　印次:2016 年 12 月第 1 次印刷
定价:38.00 元

前　言

　　电力工业是高耗能产业,提高电力工业能源利用效率、转变能源利用方式、减少碳基能源使用量,对于缓解我国能源供需矛盾和改善生态环境等具有重要作用。理论和实践表明,优先利用清洁可再生能源、开展清洁电源与火电电源互补运行,是提高电力系统运行经济性、提高能源利用效率和节约非可再生能源的有效途径。目前,水电能源在我国清洁可再生能源中占主导地位,通过开展水火电力系统联合运行,合理协调系统间运行方式,发挥水火电力系统互补优势,可显著提高电力系统运行经济性,有利于促进电力工业能源利用方式的调整和系统的节能运行。

　　本书紧紧围绕水火电力系统联合优化调度及仿电磁学算法的应用问题,针对含有梯级水电站的水火电力系统间复杂时空耦合特性,以水能资源的合理高效利用和燃煤等非可再生能源的节约为目的,在水火电力系统节能运行理论、单目标和多目标节能调度模型构建和优化算法等几个方面开展研究。

　　全书共8章,各章节主要内容可归纳如下:

　　第1章绪论:简要回顾国内外水火电力系统优化调度理论研究现状和我国节能调度理论的研究进展,论述开展水火电力系统联合优化调度的必要性、重要性。针对目前含有梯级水电站的水火电力系统联合运行所面临的问题和电力工业节能调度机制下的要求,提出本论文的主要研究内容。

　　第2章水火电力系统节能运行理论分析:水电站、火电厂的运行特性和水火电力系统间互动特性是构建合理优化调度模型及制订水电站合理用水计划与火电厂发电计划的前提和基础。本章详细分析了梯级水电站时空耦合特性、相互间作用规律、制约特性、弃水特性等,提出可有效反映水库特性影响的水电转换数学模型。分析了火电厂运行特性,通过拉格朗日极值条件揭示了水火电力系统互补运行的互动规律,定性提出了水火电力系统节能运行的措施。

　　第3章仿电磁学算法:群体智能算法在求解强非线性优化问题方面具有突出优势,本章对一种新型群体智能算法——仿电磁学算法进行研究。在详细分析仿电磁学算法理论基础、优化原理及对优化问题求解的一般理论框架基础上,研究影响算法优化性能的主要因素及其改进措施。提出了适合于求解具有大规模变量优化问题的单方向受力的改进仿电磁学算法,并对其收敛性进行了理论证明,为求解水火电力系统节能调度模型提供理论基础。

第4章梯级水电站发电潜力挖掘的水库蓄能利用最大化优化模型:本章针对以发电为主的梯级水电站,采用强迫弃水和有益弃水相结合的弃水策略,建立能够描述水电站发电量最大、水力资源在梯级水电站之间的重新有益分配和最后一级水电站弃水损失最小的梯级水电站水库蓄能利用最大的长期优化调度数学模型。

第5章水火电力系统单目标节能调度与优化方法:构建了水电站运行协调条件和梯级水电站运行的动态弃水数学模型。提出了以动态发电流量极限为基础的单目标水火电力系统节能调度优化数学模型。针对所建模型的强非线性特点,提出了以遗传仿电磁学算法为基础的节能调度模型求解方法。

第6章水火电力系统多目标节能调度与优化方法:建立了兼顾用水、环境、节能等多方面要求的水火电力系统多目标节能调度模型,提出了利用仿电磁学算法和数据包络分析融合的多目标优化问题求解新方法。该方法无须考虑各目标函数的性质,同时可为决策者提供利用优化目标和数据包络分析的DEA值双重准则来选取决策方案的方法,有利于减少多个目标追求下的决策盲目性。

第7章含风电储能装置的复杂电力系统节能调度与优化方法:针对大规模并网运行的风电场,假定各时段的预测功率分布已知且准确,以最大程度发挥风电对火电能源的替代置换为目的,研究考虑大规模风电与储能系统时空多维度上的动态耦合作用及风火储能系统间的动态协调机制影响下,兼顾储能系统功率调节与能量输移双重特征的容量多指标优化配置与协调调度方法。

第8章结论与展望:对全文所做的主要工作和取得的成果进行总结,提出未来有待进一步研究的内容。

本书由河南工程学院郭壮志博士独立完成,并得到了河南省高等学校重点科研项目计划"含风电电力系统调度控制的随机区间规划方法(51075235)"项目的资助。

作 者

2016 年 9 月

目 录

第1章 绪 论

1.1 选题背景及意义

能源是国民经济发展的命脉,是社会稳定和进步的重要物质基础。随着世界性能源短缺及生态环境恶化,能源问题已成为人类社会关注的焦点。低碳经济、循环经济、生态经济、绿色经济等就是为有效解决能源问题和环境问题而提出的经济发展模式。经济发展模式的变革,本质上是实现能源的可持续、清洁、高效利用[1]。

在过去十年间,我国国民经济保持着约 10% 的增长速度,并在 2010 年经济总量超过日本位居世界第二,经济增长迅速。根据国家政策及经济发展形势,我国国民经济未来仍将保持较高的增长速度,对能源的需求量将会显著增加,但能源的短缺和利用效率不高,已经成为制约我国国民经济发展的主要瓶颈和影响社会稳定的重要因素。要解决我国的能源问题,一方面要加强新能源和清洁能源建设[2],另一方面要转变能源利用方式,坚持节能优先,提高能源的综合利用效率,增强清洁能源与碳基能源间的优势互补,促进能源的清洁、可持续、高效利用[3]。

电力工业是重要的能源基础产业,是产能大户,为国民经济和社会生活提供了大量清洁、优质、高效的电能,但同时又是高耗能产业,每年我国发电用煤量占中国煤炭产量的 50% 以上,发电厂自用电量和供电线损电量占到电力生产量的 13.13%。因此,改变电力工业用能方式、优化电网运行方式、提高一次能源利用效率,对于缓解我国能源的供需矛盾、改善生态环境等都具有重要作用。

我国电力工业从 20 世纪 80 年代开始迅速发展,到 2010 年底全国发电设备容量达到 9.6219 亿 kW,年发电量可达 41 923 亿 kWh,居世界第二位,对推动国民经济的发展起着举足轻重的作用,但存在的问题仍很明显:①电源结构不合理。截至 2010 年,火电所占电源总装机容量的比例为 73.44%,即使在水电能源比较丰富的西部、西南地区,火电所占电源总装机容量的比重也在 50% 以上,碳基能源的消费在一次能源中仍然占据主导地位,能源利用方式落后。②发电一次能源利用效率不高。根据2010年全国电力工业统计快报,我国电力工业供电标准煤耗为335 g/kWh时,线损率为6.49%,比1999年美国、日本、德国、法国等的标准供电煤耗和线损率还要高[4]。我国电力工业的能源利用效率亟待提高,与世界发达国家相比节能空间还很大。

如何减少电力工业碳基能源使用量、如何提高电力工业能源的利用效率已经成为我国电力工业面临的严峻问题。戴彦德等[5]指出,我国以煤炭为主导的一次能源消费结构是造成能源利用效率低和环境污染严重的根本原因,高效率、低成本、规模化开发水电、风电、太阳能发电等清洁能源,提高清洁能源比例,促进电力能源结构多元化,并逐步取代碳基能源,是解决我国电力工业能源问题的根本性措施。但能源结构的转变依赖于科技的进步,是一个逐步实现的过程,在短期内我国以碳基能源为主导的能源结构体系并不会改变。因此,在现有的能源框架下研究如何快速有效地提高电力工业能源利用效率和电力系统运行的经济性是一个非常有意义的课题。为提高我国电力工业能源利用效率及逐步转变其能源利用方式,国家提出了以机组能源利用效率为优先调度标准的节能调度机制,要求优先利用清洁可再生能源,火电机组效率高、污染物排放少的优先被调度。

理论和实践表明,开展清洁电源与常规碳基电源之间的互补运行,利用优化技术协调电源间出力、优化电网运行方式,具有实现便捷、成本低、见效快的特点,并可显著提高电力系统运行经济性,有利于促进节能降耗的实现及能源的可持续高效利用,是贯彻电力工业节能调度机制的重要和有效的措施之一。因此,开展清洁电源与常规碳基电源之间联合经济运行的研究具有重要的理论价值和现实意义。

水电作为天下第一可再生能源[6],是目前技术最为成熟、可大规模开发、可进行调度的清洁电源,具有运行灵活、运行成本低、启停速度快、调峰性能好等优点。在国家积极推进能源多元化清洁发展的政策大背景下,经过几十年发展,我国电力工业中的清洁电源已经形成了由水电、核电、风电、太阳能发电等多种形式共存的局面,而水电能源在清洁能源中处于主导地位。截至2010年底水电总装机容量突破2亿kW,居世界第一位,在清洁电源中所占比例为83.51%。根据国家积极发展水电的政策,水电规模将会继续扩大。既然在传统均衡电量发电模式下,开展水火电力系统联合经济运行可有效提高电力企业的能源利用效率,那么在节能调度的环境下,研究水火电力系统互补运行机制、挖掘水电系统发电潜力、实施水火电力系统节能调度,对于充分发挥清洁电源优势、提高能源利用效率、改善电网运行经济性同样具有重要的作用和意义。

在过去几十年中,水火电力系统联合经济运行因经济效益显著[7],而吸引了国内外众多学者在这一领域开展研究,围绕着调度机制及优化方法做了大量的工作并取得了丰硕成果,部分已经成功应用到电力系统运行中,取得了较好的经济效益。水电站的梯级开发利用已经成为世界上水能利用的主要形式,我国在黄河、松花江、乌江、红水河等水能资源丰富的地区已经进行了水电站的梯级开发。梯级水电站在时间和空间上更具有高度耦合性,涉及问题更多,给水火电力系统节能调度问题的解决带来很大困难。尽管围绕梯级水电站和火电联合运行问题,国内外学者也开展了不少研究,但仍然面临一些难题:

(1)在构建梯级水电站和火电联合运行的节能调度模型时,如何更加全面地考虑水电站时空的高耦合特性、水头变化的影响、电网的影响等。

(2)在单一水电站中,弃水就意味着损失,那么在梯级水电站中是否也是这样;如何正确理解梯级水电站弃水的作用;如何正确处理水头、发电流量、弃水之间的关系;如何有效协调梯级水电站调节电站和径流电站的发电计划安排问题,从而挖掘水电站的发电潜力,发挥在水火电力系统中的互补优越性。

(3)梯级水电站与火电联合运行时,具有高度的时间耦合和空间耦合特性,建立的节能调度模型除具有很强的非线性外,还将因为时空耦合特性而变得更加复杂,如何对节能调度模型进行有效求解是一很有现实意义的问题。

(4)节能要求、资源限制、环境压力、电网特性等因素的影响,使得单目标优化调度模型难以兼顾多方面要求,研究在节能调度模式下水火电力系统多目标优化调度模型的构建方法具有重要的现实意义。至今,还没有统一有效的多目标优化模型的求解方法,针对所建模型,研究其有效的多目标优化方法具有重要的理论价值。

本书就是紧紧围绕水火电力系统节能及高效运行的核心,在研究水火电力系统节能调度机制基础上,构建水火电力系统单目标和多目标节能调度模型,并针对其强非线性、高度时空耦合的特点,探究其求解方法,以促进对电网运行方式和能源利用方式的优化,提高能源利用效率。因此,本书选题具有重要的理论价值和现实意义。

1.2 水火电力系统优化调度现状

水火电力系统之间的最优协调问题是伴随着水电和火电联网共同向社会供电局面的出现而产生的。法国学者 Ricard[8] 是世界上最早开始关注水火电力系统运行经济性问题的学者之一,在对该问题研究的基础上,通过严格的数学推导于1940年首次提出水电与火电联合经济运行的最优协调方程,成为世界上最早科学地描述水火电力系统经济运行问题的学者,其提出的最优协调方程也成为后续学者的理论研究基础。在此之后,水火电力系统间最优协调问题开始被世界关注,以经典数学为基础的水火电最优协调方程被广泛研究,加拿大学者 Chandler 于1953年提出了兼顾网损的水火电最优协调方程并被广泛应用到实际工程中。随着现代最优化数学理论的迅速发展及新型最优化理论的出现,以其为基础的水火电力系统最优协调问题成为国内外研究的热点,其目的是在满足水电和火电子系统运行约束及控制约束的前提下,利用最优化的技术手段确定调度周期内水电子系统的用水计划和火电子系统的出力计划,使系统的一个或多个指标达到最优,提高电力系统运行的综合经济性。

围绕着水火电力系统运行的综合经济性、安全性和可靠性等关键问题,国内外众多学者针对不同电力工业模式下的水火电力系统优化调度问题进行了广泛和深入的研究,经过几十年的发展,以水火电力系统物理运行机制和经济运行模式为基础的优化调度理论已经取得了丰硕成果,总体来说,可以概括优化调度模型的构建和优化调度模型的优化求解两方面内容。水火电力系统优化调度模型具有大规模、强非线性特点,为对其进行有效求解,科研工作者几乎尝试了所有的优化方法,如动态规划、线性规划、网流法、内点法、人工智能算法等[9]。水火电力系统优化调度模型构建是以系统运行的物理机制和经济机制为基础的,其构建的合理性将对电力系统运行方式、潮流分布、运行经济性有着决定性影响,其关键内容主要涉及运行机制模型的模拟、约束条件的构建及优化准则的确定。

运行机制模型的模拟主要解决电能生产的物理机制到数学模型的转换,其合理性将直接影响优化模型是否反映了系统的物理运行特征,一直以来都是研究的重点。水电站运行机制模型主要是水头模型及水电电能生产模型的模拟。水电电能生产模型可以通过水头模型的确定表示出来,因此水头模型模拟的合理性将直接影响到电能生产模型的准确性,迄今为止,水头模型主要采用固定水头模型[10,11]和变水头模型[12]两种形式。在短期优化调度中,对于库容大调节能力强的水电站采用固定水头对优化调度结果影响不大,但对于调节能力差的水电站采用变水头模型将更具有合理性。对于梯级水电站还要考虑上下游水电站间的水力耦合对水头的影响,有学者专门研究了在是否考虑水电站间水力耦合对水头影响情况下调度方案的差别,算例分析表明调度结果有很大不同,建议对于水力耦合比较紧密的梯级水电站应该考虑相互间水头的影响[13]。水电电能生产模型的模拟是以水头模型为基础,围绕是否考虑发电效率变化而进行研究的。通常在优化调度中并不考虑水电站发电效率的变化,而是用水电站的平均发电效率表示,但实际上发电效率随发电流量和水头的变化而变化,且对电站的实际出力有显著影响,因此考虑水电站发电效率变化下的电能生产模型的模拟也越来越受到科研工作者的重视[14,15],水电站电能生产模型主要有 Glim kirchmayer 模型、Hildebrand 模型、Hamilton – Lamont 模型和 Arvanitidis – Rosing 模型等。火电厂运行机制模型主要是电能生产成本模型的模拟。优化调度模型中一般采用二次成本模型,为了更加准确地描述发电机的出力与成本间的关系,有采用分段线性及分段非线性成本函数表示成本,但总体来说是围绕是否考虑阀点效应来建立电能生产成本模型的。不考虑阀点效应的电能生产成本模型具有应用简单的优点,考虑阀点效应时则更能真实地反映物理系统的实际运行情况,但其数学模型是一不连续的分段阶跃函数,给优化模型的求解带来一定困难[16,17]。

约束条件是为保证水火电力系统运行可行性、经济性、安全性及稳定性而限制的运行范围。在早期的水火电力系统优化调度模型中约束条件比较简单,一般仅包括出力约束、水头约束、发电流量约束、用水约束及负荷平衡约束等,对系统运行的安全性约束、稳定性约束考虑较少。随着科研工作者对电力系统物理运行机制和经济运行机制更加全面和深入的了解,机组的启停约束、旋转备用约束、网络约束、电压稳定约束、爬坡约束等融入到约束条件中[18,19]。电力工业市场化的实施又给电力系统运行增加了一些经济性约束[20,21]。新约束条件的融入将对机组出力大小、电网运行方式、电网潮流分布等产生影响,最终影响到能源的利用方式、能源利用效率及电网运行的经济性。

优化准则即优化目标在一定程度上反映着决策者的主观意愿,通过系统优化运行而达到确定的技术指标或经济环境指标。目标函数因反映着决策者的主观愿望,因此其形式上无法统一,类型丰富多样。从科研论文来看,在传统垄断电力企业生产模式下,以电力企业总的运行成本最小化作为优化目标比较常见[8-12,18,22-23]。20 世纪 90 年代,世界上发达国家开始电力企业的市场化改革,厂网开始逐渐分开运行,发电企业实行竞价上网,火电和水电的企业优化调度目标转变为企业收益最大[21,24-26],而电网的运行目标也从电网运行成本的最小偏向于购电费用的最小等。此外,还有以有功的实时调整费用最小[27]、水火置换效用最大等[20]作为优化目标的。在单准则水火电力系统调度机制中,一般将与水电有关的因素作为约束条件融入到优化模型中,因此不能全面兼顾水电运行的经济性,环境的制约也要求系统运行时要兼顾环境的要求,多目标优化准则下优化调度模型的构建是亟待研究的方向。从最近几年的科研论文也可看出,多目标优化模型的构建成为研究的热点[28-30]。随着电力企业市场化改革的深入、资源制约、新型电源的引入等,优化目标将更加多样化。由此可见,优化准则没有一个确定的形式,应该在深入理解水火电力系统物理运行机制的基础上,根据国家能源政策、环境因素、社会因素、市场变革等构建合理的优化目标,以促进能源利用合理性及电力系统运行的经济性。

1.3 水火电力系统节能调度现状

1.3.1 节能调度模式综述

节能调度是针对我国电力企业火电电源比重大、能耗高、对环境污染严重的现实背景及"上大压小"和"电量置换"等措施未取得良好节能效果的情况下,为提高能源利用效率及降低污染物排放水平而提出的新型电力调度模式。该调度模式在保证电力供应安全可靠的前提下要求优先调度清洁电源,对火电电源以能耗及污染物排放水平作为排序准则获得发电权及发电量指标,能耗低、污染小的火电电源优先发电,从而促进电力工业调整及技术进步,提高能源利用效率、减少污染物排放量,最终实现电力工业的可持续高效运行。节能调度模式是对我国经典均衡发电量调度模式的一次变革,与国外市场化改革的电力企业经济调度模式也有着显著不同。

1.3.1.1 与我国经典均衡发电量调度模式的比较

在经典均衡发电量调度模式中,火电机组不论能耗及污染物排放水平高低都具有上网发电的权利,各机组年发电小时数基本上按照年预测电量与机组总装机容量的比值来确定,机组的年发电计划按照其装机容量占机组总装机容量的份额进行分配。均衡发电量调度模式将造成装机容量小、能耗高的机组发电上网时间较长,而装机容量大、效率高的机组设备利用率不高,进而导致一次能源的利用效率不高,对环境造成的污染严重。

节能调度模式中,在优先利用清洁电源和满足电力供需平衡的前提下,能耗低、污染物排放水平低的机组拥有优先调度权和更多发电小时数,而能耗高、污染物排放水平高的机组可能无法获得发电上网的权利,因此节能调度模式可显著提高一次能源利用效率,减少电力企业的污染物排放量。

1.3.1.2 与国外市场化改革的电力企业经济调度模式比较

国外主要发达国家从 20 世纪 90 年代开始在电力企业中引入竞争,利用市场的杠杆优化电力企业的资源配置,提高其利用效率。在电力市场环境下的电力企业经济调度模式,发电机组实施竞价上网,竞价价格低的机组具有优先调度权,发电企业追求的是利润最大化,电网企业追求的是购电成本最小化或社会福利最大化。随着国外对环境的重视,电力企业开展的环保经济调度重点强调的是环保和企业利益,并没有真正地从节能角度开展经济调度。因此在国外同样存在高效率机组因报价高而获得不了发电权,而低效率机组因价格优势在竞价中取胜的现象。

我国的节能调度模式采用的是能耗及污染物排放的竞争指标,能够保证优先调度能耗低、效率高的机组,电力企业追求的是能耗最小,从而可促进节能降耗的实现。节能调度模式还可以促进电力企业追求技术进步,激励企业淘汰高耗能机组,投资高效率机组或转向清洁电源领域,促进我国电源结构的改善。但是节能调度的缺点在于无法反映能源的稀缺程度,不利于资源的长期优化配置。

从与均衡发电量调度模式比较可看出,节能调度模式具有显著的优越性,而与国外的经济调度模式相比各有优缺点。广东、贵州、四川、江苏、河南等省作为节能调度试点以来,其节能减排效果显著,充分证明了节能调度实施的可能性和优越性。

1.3.2 节能调度机制研究现状

节能调度的实施将迫使部分能耗高、运行成本低的机组无法并网发电,并会显著减少边缘机组的发电小时数。电网电源点的改变将对电网运行的安全性及稳定性造成不利影响,同时会对企业间利益的合理分配、电网公司的购电成本等方面产生负面影响[31]。针对节能调度模式的实施可能引发的问题,国内学者主要围绕企业层面[32-37]及系统运行层面[18-24]等两方面对节能调度问题开展研究。

企业层面的研究主要涉及节能调度实施对电力企业各主体的影响及利益补偿机制。围绕着企业层面:马光文等[32,33]分析了节能调度的开展对我国火电企业和水电企业造成的不同影响,同时提出要提高节能调度环境下火电企业的竞争力需建立和完善电价机制、调度补偿机制、管理机制等。针对水电企业要通过提高径流预测的准确性,开展中长期和短期相融合的水电站经济调度,并通过厂内经济运行的方法提高水电站水能资源利用效率,进而提高水电站在节能调度环境下的竞争力。但没有设计具体的电价模式和调度补偿模式。尚金成等[34,35]指出如何合理解决节能调度实施引起的电力企业间利益再分配是影响节能调度顺利实施的重要因素。针对我国电力市场不成熟的情况,提出可采用行政手段及政府宏观调控与电力市场机制相结合的方法协调节能调度中的经济补偿问题,并设计了相应的经济补偿模式。胡建军等[36]提出一种基于等效可用负荷率的机组调峰补偿机制,以便有效解决节能调度环境下高耗能机组参与调峰的合理补偿问题。张森林[37]指出节能调度背景下我国现行上网电价不适应节能调度模式引起电力企业间利益分配不合理从而导致供电可靠性和安全性的重要原因,在此基础上提出了基于发电权转让的单一电价补偿模式和适应于节能发电调度的两部制电价模式。

系统运行层面的研究主要指电力系统运行方式的研究。围绕着系统运行层面:滕晓毕等[38]提出了一种通过有序调停燃煤机组达到提高系统负荷率的效果,从而实现节能降耗的目的。梁志宏[39]提出在节能调度环境下应该实行节能调度与市场机制相融合的集散交易模式,以确保节能调度实施的通畅性和市场竞争的公平性。胡建军[40]通过将能耗指标及排放指标融合到电厂的排序价格中并体现能耗价格指标优先原则,有效地将节能调度和电力市场结合起来。苗增强等[41]、葛亮等[42]提出了基于两部制电价和能耗排放指标相融合发电侧节能调度模型和算法,通过竞价和合理结算实现节能降耗和资源的优化配置。周明等[43]、尚金成[44]分别从奖赏机制和政府宏观调控角度研究电力市场与节能调度之间的融合机制,以便实现模式间优势互补,发挥电力市场与节能调度双重杠杆在优化电力企业能源利用效率方面的作用。

文献[33]~文献[37]主要围绕节能调度实施后对发电企业如何进行合理的经济补偿等问题进行探讨,使其企业利益不致受损,提高电力企业开展节能调度的积极性,促进节能调度的平稳顺利实施。文献[38]~文献[44]主要从节能调度与电力市场相融合的角度研究节能调度的运作方式,充分利用节能调度杠杆和市场杠杆的资源配置作用,在实现资源高效利用的同时有效兼顾电力企业的利益,保证电力系统安全、可靠、经济的运行。

1.3.3 节能调度优化理论研究现状

节能调度优化模型构建的合理性和全面性将最终影响到电源的出力方式及电网运行方式,从而影响到电力系统潮流分布情况,最终会影响到节能调度实施的效果及电力系统运行的综合经济性、安全性和可靠性。因此,如何构建节能调度模型是节能调度优化理论研究的关键问题,国内学者主要从发电调度和负荷经济分配两方面研究节能调度模型的建立方法。

火电企业是耗能大户,如何降低火电厂的燃料消耗量,对于节能调度的实施效果有重要影响,除按照节能发电调度办法中火电机组的排序上网发电外,对上网机组实施负荷经济分配对于降低火电燃料消耗量具有重要作用。牛玉广等[45]针对集中调度中难以准确确定机组煤耗特性的情况,提出电网侧在考虑系统运行安全稳定性及经济性的前提下对火电厂首先实行厂级负荷分配,电厂侧再根据机组实际煤耗特性实行厂内的二次负荷分配,分析表明该方法可显著提高火电的节能效果。唐茂林等[46]针对在调度计划制订后负荷的短期预测与超短期预测之间存在的偏差,建立从电网调度侧考虑的有功实时调整燃料消耗量最小的节能调度模型,以便实现在电网侧的进一步节能降耗。

节能调度的实施将会导致一些能耗高、成本低的小火电机组无法并网发电,电网电源点的改变将会改变电网的潮流分布,可能威胁到电网的运行安全性及稳定性,建立兼顾电网安全性的节能调度模型显得尤为重要。熊小伏等[47]建立了考虑电网安全约束及网络损耗影响的节能调度模型。陈之栩等[48]构建了华北电网日前发电调度中考虑安全约束的机组组合优化决策系统。

针对区域电网间存在电能交易和传输的实际情况,研究区域电网间的节能问题同样十分重要。范玉宏等[49]利用边际机组替代思想和经济学领域的撮合交易理念,在满足电网安全运行的前提下,采用机组煤耗高低匹配替换的途径,实现区域电网间煤耗节约量最大。但区域间机组替换势必影响到区域电网间的利益再分配,要保障该方案的实施需要进一步研究利益再分配后区域电网间的经济补偿方案。

电力市场是优化电力资源配置的最有效方式,随着我国电力市场的逐步实施和日趋成熟,研究电力市场下的节能降耗问题也成为研究的热点。徐致远等[50]针对在电力市场下不能准确获得机组煤耗的情况,利用二氧化碳排放函数替代机组能耗函数,建立节能调度与市场机制相融合的机组组合优化模型。谭忠富等[51]提出基于需求侧响应并考虑峰谷分时电价下的节能发电调度模型。李扬等[52]建立了市场下考虑电网公司费用及节能调度下兼顾燃料消耗的多目标优化调度模型。

分布式电源多为清洁电源,在节能调度环境下除对节能降耗具有重要影响外,对于优化电源结构、改善电网运行安全性都有重要作用,研究节能调度环境下分布式电源的优化配置也是一个热点。唐勇俊等[53]研究了多负荷水平下考虑节能调度的分布式电源优化配置问题。

环境问题已经成为制约我国经济发展的一个重要因素,在节能减排国家政策背景下开展电力系统的节能环保调度,不仅可促进电力企业的节能降耗,还可以促进生态环境的改善,有利于电网、社会、经济、生态之间和谐互动发展。韩彬等[54]将惩罚价格因子二氧化硫排放转化为由污染成本表示的表达形式,然后融入到节能调度优化模型的目标函数中,其本质上还是通过权重法处理多目标优化问题,惩罚价格因子的不同将影响污染成本在目标函数中的重要性,进而影响节能效果。

水电作为清洁电源,开展水电站优化调度,实行水火电互补运行,可显著提高系统运行经济性及资源的利用效率,实现节能降耗的目的。喻洁等[55]提出了节能调度环境下的水火电力系统联合调度多目标优化模型。马光文等[56]针对梯级水电站情况,提出了梯级水电站在节能发电调度单站排序规则下的多种调度排序方案。

从文献[45]~文献[56]可看出,节能调度模型的构建主要是围绕火电进行研究的,对于水电的节能调度模型及水火电力系统联合运行时的节能调度模型的研究比较少。如何在节能调度机制下充分挖掘水电站的发电效率和发展潜力,如何构建合理的水火电力系统互补节能调度模型都是需要进一步研究的课题,对提高电力系统节能调度的效果具有重要意义。

1.4　水火电力系统优化调度算法现状

水火电力系统节能调度问题与经典优化调度问题在数学模型上都是具有非线性目标函数、大量强非线性约束条件及包含连续和离散变量的大规模非线性优化问题。一般来说,用于求解经典水火电力系统优化调度问题的算法也可用于求解节能调度优化问题。经过科研工作者几十年的研究,至今已有很多优化技术成功应用于水火电力系统优化调度问题的求解,主要有大系统分解协调算法、混合整数规划、动态规划、内点法、人工智能算法、群体智能算法等。这些优化技术总体来说都是基于可行域局部搜索准则下的优化算法,可划分为确定型优化算法(大系统分解协调算法、混合整数规划、动态规划、内点法)和随机型优化算法两类(人工智能技术、群体智能算法)。确定型优化算法为导数算法,在求解过程中一般需通过梯度信息或海森矩阵信息确定下一步的寻优方向,属于局部搜索算法;随机型优化算法是根据适应度函数信息确定寻优方向,无需导数信息,属于全局搜索算法。

1.4.1 大系统分解协调算法

大系统分解协调算法是求解大规模非线性优化问题的一种有效方法,求解基本思想是利用解耦技术将变量和约束条件多的复杂优化问题解耦为若干个独立的复杂度相对较低的优化子问题,然后通过交互式求解得到原问题的最优解。大系统分解协调算法的显著优点在于提高优化算法的求解效率,该方法在水火电力系统优化调度中已经获得广泛的应用,常用的大系统分解协调算法有拉格朗日松弛法[57-62]、Benders 解耦法[63-65]、Dantzig – Wolfe 解耦法[66-68]等。

拉格朗日松弛法最早是为解决普通线性规划松弛算法计算效率低的问题而应用到电力系统优化调度中的[57]。由于水火电力系统优化调度问题在数学模型上具有可分离特性,拉格朗日松弛法已成为该领域应用最广泛的大系统分解协调算法。其求解基本思路为先通过拉格朗日乘子将约束条件融入到目标函数中将原始问题转化为对偶问题,然后假定拉格朗日乘子已知,将原始问题解耦为水电和火电优化子问题,进一步通过对原始问题最小化及对偶问题最大化的交互式求解得到水电的用水计划和火电的出力计划。因拉格朗日松弛法降低了原始优化问题的变量维数,可显著提高求解效率[58,59]。但是拉格朗日松弛法对于大规模强非线性水火电力系统优化调度问题的求解仍然存在计算效率和收敛性的问题,这两方面也是一直以来研究的热点[60-62]。

Benders 解耦法在电力系统中也获得了广泛应用,求解思想同样是将原始问题解耦为若干个独立子问题,然后通过交互式求解得到原始问题的最优解。但其解耦原理与拉格朗日松弛法不同,在进行解耦时无须将约束条件通过拉格朗日乘子融入到目标函数,而是通过对变量进行合理分组,然后通过 Farkas 定理等价地将原始问题转化为若干独立子问题,对主导问题和各独立子问题进行迭代求解,该解耦法对于求解大规模混合整数规划问题特别有效[63,64]。但 Benders 解耦法存在着主导规划计算量大及算法后期收敛速度慢的缺陷,这两方面也是该算法的研究重点[65]。

Dantzig – Wolfe 解耦法是一种求解大规模线性规划解耦问题的有效方法,其基本原理是通过凸组合原理把原始问题中的约束条件利用单纯形乘子代替,再将原问题解耦为二层优化问题的同时,降低待求解问题的规模,可有效提高优化效率。该解耦方法已经应用于火电机组组合[66]、电力系统经济调度[67]及水火电力系统优化调度[68]的求解中。但由于该解耦法要求可分离问题具有线性结构,而电力系统本身的强非线性影响了该解耦法在电力系统优化领域的广泛应用。

1.4.2 混合整数规划

混合整数规划[69-76]是一种有效求解具有连续变量和离散整数变量优化问题的数学规划方法,常用的方法有分枝定界法、割平面法、匈牙利法和隐枚举法等,其中分枝定界法和割平面法的应用最为广泛。水火电力系统短期优化调度问题在考虑机组开停机计划时数学模型上是非常复杂的具有连续变量和 0 − 1 离散变量的混合整数优化问题,因此混合整数规划很适合求解该优化问题。

分枝定界法的基本思想是对优化问题的可行域空间进行搜索,逐步将搜索空间分割为越来越小的子空间并摒弃非最优空间,直到找到优化问题的最优解。实际应用中不同的技巧将对算法的计算效率及计算机的存储空间有不同的影响,该方法已在水火电力系统短期优化调度中获得较多应用[71-73],研究的内容涉及算法的凸性[71]、求解效率[72]及与其他算法融合[73]等问题。

割平面法最早由 Gomory 为求解整数规划问题而提出,其基本原理是对原问题的松弛问题求解,当松弛问题优化解不满足原问题约束条件时,对松弛问题增加约束条件继续求解,直到松弛问题的优化解满足原问题的约束条件。至今,经过众多学者研究割平面法已经取得很大的发展,常用的割平面法主要有多面体割平面法、分块对角割平面法、多面体束方法等。割平面法在求解水火电力系统短期优化调度问题时通常与其他方法进行融合,以便提高算法的综合性能。常用的融合方法有大系统分解协调算法[74,75]、内点法[23,76]等。割平面法的缺陷在于当求解问题规模大时,其求解效率会显著降低,如何提高其求解混合整数规划优化问题时的效率仍然是研究的一个重点。

1.4.3 动态规划

动态规划最早是由 Bellman 求解多阶段决策问题时提出的一种有序递推算法,其求解的基本思想为在决策过程中,余下阶段的最优决策只和当前的状态和决策有关,而与过去的状态和决策无关,在求解过程中将复杂的多阶段问题解列为若干简单的子问题进行逐段求解,最终得到全局最优决策。动态规划的优点有:①对优化问题的连续可微性、线性和凸性等均无要求;②可有效求解离散优化问题、整数规划问题、混合整数优化问题、随机优化问题等;③容易得到优化问题的全局最优解。水火电力系统短期优化调度问题在时间上是一个多阶段决策问题,因此动态规划在该领域也得到了广泛的研究和应用。

应用动态规划求解水火电力系统优化调度问题的同时可解决机组组合问题和有功功率的负荷分配问题,但其显著缺陷在于随优化问题规模的增大及状态量的增加容易陷入维数灾。因此,在动态规划应用中如何减少状态量的数目成为该方法在水火电力系统优化调度中应用成功及提高其求解效率的关键,也是一直以来该方法研究的热点[77-79]。李朝安等[77]等通过与大系统分解协调技术融合将水电站群的多维动态规划转化为单一水电站的一维动态规划从而减少状态量数目。王成文等[78]利用限制路径法减少动态规划的转移路径个数从而减少状态变量个数。Yang 等[79]利用多疏密动态规划求解水火电力系统间的协调问题,其采用的状态缩减法可称为局部加密法,基本思想为对于状态量先利用粗网络获得较粗糙的优化解,在此基础上再取密网络进行进一步优化,直到满足算法终止条件。动态解析法也是常用的减少状态变量的有效方法,基本思想是利用解析迭代求解方式代替状态变量离散化。此外,常用的动态规划状态量缩减技术还有带状区域法[80]、松弛法及变步长法等。

1.4.4　内点法

Karmarkar 内点法的出现使优化领域取得重大突破,由于对优化问题求解时具有"内部穿越"特性,让该算法在多项式时间内可得到优化问题的最优解,特别在求解大规模优化问题时与其他算法相比在求解效率上具有绝对优势,因此该算法的出现立刻成为学者们的研究热点。早期对内点法的研究主要围绕线性规划、线性互补规划及凸二次规划问题等,在 1986 年 Gill 等的研究工作表明 Karmarkar 内点法与非线性规划领域的障碍函数法具有很强的关联性,成为内点法在非线性优化领域应用的理论基石。

Clements 于 1991 年首次成功应用非线性内点法求解电力系统中的状态估计问题,之后内点法在电力系统优化领域的应用成为研究热点,至今内点法已在电力系统规划与运行方面取得了大量的成果,主要涉及经济调度、机组分配、无功优化、最优潮流、水火电力系统优化调度等,其中仿射尺度内点算法和原对偶内点算法的应用效果最好。

Christoforidis 等[81]首次将内点法应用于水火电力系统优化调度领域中,虽然求解时没有说明采用的是哪种类型内点法,但是却促进了内点法在该领域应用的研究热潮。

Medina 等[82]成功将改进的原始对偶内点法用于水火电力系统优化调度中,通过和标准的预测校正内点法和原对偶内点法比较,表明该算法具有更好的收敛性能。

在国内,韦化等[83]首次采用带有扰动因子的内点法求解水火电力系统的最优潮流问题,并对 IEEE 标准系统、广西系统、南方 4 省系统等进行测试,表明算法具有良好的收敛性能。以其为核心的电力系统最优化研究所与广西电网公司合作开发的"基于现代内点理论的水火电力系统最优调度策略软件"已成功应用于广西电网。

如何将内点法和其他算法融合求解水火电力系统优化调度问题也是研究的热点之一。Ramos 等[84]利用遗传算法求解机组组合问题,对水火电力系统间的经济调度问题采用原对偶内点法进行求解。Fuentes – Loyola 等[85]将半定规划和原对偶内点算法融合、Oliveira 等[86]将网络流算法和内点算法融合求解水火电力系统优化调度问题。Oliveira 等[86]同时用原对偶内点法和预测校正内点法求解优化问题,算例表明这两种类型的内点法都具有较好鲁棒性和快速收敛性。

1.4.5 人工智能技术

人工智能技术是基于知识的智能方法,具有自学习能力和自记忆能力,能够处理具有高度非线性特点的复杂优化问题。人工神经网络技术和模糊逻辑技术作为重要的人工智能技术在水火电力系统优化调度中的应用最为广泛。

人工神经网络是在模拟动物神经行为的基础上而形成的基于知识的并行处理算法,其优势在于并行处理能力强,具有自学习、自组织和强非线性处理能力,其中一种重要的形式是 Hopfield 神经网络。Hopfield 神经网络是在1982 年由物理学家 Hopfield 基于网络能量函数提出的一种新型网络模型,该模型的显著优点在于利用其能量函数稳定性判据可求解非线性优化问题,为优化领域注入新的活力。至今,该方法在水火电力系统优化调度领域的应用仍就是研究的一个热点。Naresh 等[87]利用两阶段神经网络求解水火电力系统优化调度问题,表明该算法具有很好的收敛性能和高计算效率。Basu等[88]、Dieu 等[89]都是采用 Hopfield 神经网络求解水火电力系统优化调度问题。然而 Hopfield 神经网络求解强非线性问题时同样存在陷入局部最优的可能性,如何使 Hopfield 神经网络找到优化问题的全局最优解也是学者们的研究热点,其中一个重要途径就是和群体智能算法如模拟退火算法、混沌优化算法等融合。

模糊逻辑技术是利用多值逻辑理论来表征事物特征规律的智能技术,已经成功应用于电力系统运行规划、状态估计及负荷预测等领域。模糊逻辑技术在运行规划领域的主要应用就是模拟系统的不确定性行为,目前该技术已经应用于水火电力系统优化调度中,用于处理负荷、来水量等的不确定性,其在优化领域的应用实质上是优化模型的模拟,在优化求解时需要应用其他方法。谢永胜等[90]利用模糊技术处理来水和负荷的不确定性,利用线性规划求解水火电力系统优化调度模型。Dhillon[91]、Basu[92]等利用模糊技术和群体智能算法融合求解水火电力系统多目标优化调度问题。如何利用模糊理论和群体智能算法融合有效求解多目标优化问题也是未来研究的热点。

1.4.6 群体智能算法

群体智能算法是指通过模拟自然界物理机制或生物的微观特征及外在宏观行为而形成的具有并行特征和群体随机搜索性能的优化算法,其采用的是自然界“优胜劣汰,适者生存”的思想,在求解优化问题时从多个起始点开始搜索,利用个体自身行为及群体间的信息交流与共享实现个体的不断更新进化,经过有限次逐步迭代最终找到优化问题的最优解。群体智能算法的显著优点在于:①算法在寻优过程中一般不需要导数信息,因此不要求优化问题具有连续可微特性,可用于连续、离散及混合整数规划问题的求解;②算法在进化过程中除利用个体自身信息外还同时实现群体间信息共享,因此即便出现某些个体性能特差的情况,对算法的收敛性能和最优信息也不会产生较大影响,鲁棒性强;③算法自身的随机特性及隐含并行特征适合于求解随机优化及多目标优化问题;④算法对优化问题没有凸性要求且从理论上可找到全局最优解。

水火电力系统优化调度问题在数学模型上具有强非线性特点,因此群体智能算法在该领域的应用很早就已经成为学术界的研究热点。遗传算法[93]及模拟退火算法[94]是最早应用于该领域的群体智能算法,结果表明群体智能算法在求解大规模强非线性优化问题时具有良好的全局寻优性能和快速的收敛性能。遗传算法及模拟退火算法在水火电力系统优化调度中应用的成功也推动了群体智能算法在该领域应用的研究热潮,至今群体智能算法在该领域的应用已取得大量的研究成果,更多的群体智能算法被成功应用,主要有免疫算法[95]、差分进化算法[96]、粒子群算法[97]、文化算法[98]等,充分体现群体智能算法在求解大规模非线性优化问题时的独特优势。

群体智能算法种类繁多,哪种算法比较优越?有没有一种具有强普适性的群体智能算法可有效求解水火电力系统优化调度领域的所有优化问题呢?

根据 Wolpert 和 Macready 的 No Free Lunch 理论[99],群体智能算法之间不存在一种算法比另外一种算法完全优越的情况,其优化性能在其中一方面具有优势,在其他某些方面定会存在缺陷。根据 No Free Lunch 理论可以看出,至少到目前为止并不存在一种强普适性的群体智能算法。因此,在实际应用中应针对不同的优化问题采用合适的群体智能算法才能够达到事半功倍的效果,同时要兼顾算法间的融合,通过算法间优势互补以便提高算法的综合性能。基于群体智能算法的融合途径主要包括群体智能算法间的融合及与确定型算法间的融合,也是目前群体智能算法在水火电力系统优化领域应用的重要研究热点[100-102]。

1.5 本书所做的主要工作

1.5.1 主要研究内容

根据图 1.5-1 及上述对水火电力系统优化调度现状的综述可以看出,尽管垂直管理模式下的电力工业运行机制和电力市场下的运行机制不同,但两种模式下的水火电力系统最优运行计划的制订过程相同:①两种模式都是在深入分析系统物理运行机制和经济机制的前提下确定优化目标和构建相关约束条件,然后通过有效的优化方法制订系统最优运行计划;②在整个运行计划制订的过程中对系统物理运行机制和经济机制的分析处于首要地位,直接影响到优化调度模型的合理性,最终将会影响到电网运行的经济性、安全性和可靠性。因此,在节能调度环境下水火电力系统最优运行计划的制订同样要在深入分析系统运行机制基础上建立合理的优化调度模型,并选择有效的优化方法制订系统运行计划。

本书以我国电力企业节能调度机制为背景,以水火电力系统互补运行作为研究的主要形式,以促进电力系统节能、环保、经济运行为最终目标,研究内容主要包括以下三个核心部分:

(1)节能调度机制下水火电力系统的节能运行机制分析。剖析节能调度特征;详细分析节能调度下水火电力系统运行特性;从电源、电网、负荷等三个方面分析实现水火电力系统节能运行的方法和措施,以便为节能调度模型的构建提供理论基础。

(2)节能调度机制下水火电力系统优化调度模型的构建。在水火电力系统节能运行机制基础上,建立确定性环境下并考虑电源特性、电网特性、负荷特性等影响下的水火电力系统单目标和多目标节能调度模型。

(3)水火电力系统节能调度模型求解的群体智能算法研究。利用群体智

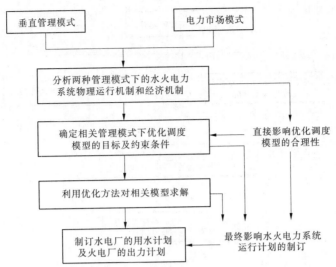

图 1.5-1　垂直管理模式与电力市场模式下水火电力系统最优运行计划

能算法在求解大规模非线性优化问题方面的优势,针对不同的水火电力系统节能调度模型,研究以新型群体智能算法——仿电磁学算法为基础的单目标和多目标优化模型的快速有效求解方法,以便制订更加准确合理的最优运行计划。

1.5.2　本书组织结构

全书密切围绕水火电力系统节能调度机制、模型构建、优化方法三方面内容开展研究,本书框架及章节间关系如图 1.5-2 所示。

本书各章节详细内容安排情况如下:

第 1 章:阐述了本书选题的背景及意义;对水火电力系统优化调度问题进行综述,概述经典调度模式与电力市场模式下开展优化调度所涉及的主要研究内容,以便为节能调度环境下开展水火电力系统优化调度提供研究思路;对节能调度的研究现状进行了综述;对水火电力系统优化调度模型求解方法的国内外研究现状进行了综述;最后介绍了本书主要研究内容及章节安排情况。

第 2 章:阐述了水电站的运行特性,包括发电特性、水头特性、用水特性、弃水形成、调节特性等;详细分析了梯级水电站时空耦合特性、相互间作用规律、制约特性、弃水特性等;论述了火电厂的发电特性、煤耗特性、火电机组机动特性等,揭示了节能调度环境下水电及火电的运行特点;研究节能调度环境下水火电间的节能互补运行规律;研究负荷分布特性及电网对水火电力系统

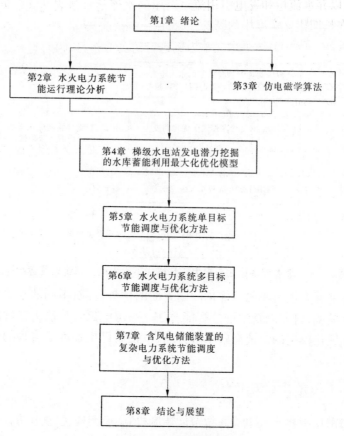

```
        ┌─────────────────┐
        │  第1章  绪论     │
        └────────┬────────┘
           ┌─────┴──────┐
┌──────────────────┐  ┌──────────────────┐
│第2章  水火电力系统节 │  │第3章  仿电磁学算法 │
│能运行理论分析     │  └──────────────────┘
└────────┬─────────┘
┌──────────────────────┐
│第4章 梯级水电站发电潜力挖掘 │
│的水库蓄能利用最大化优化模型 │
└──────────┬───────────┘
┌──────────────────────┐
│第5章  水火电力系统单目标 │
│节能调度与优化方法     │
└──────────┬───────────┘
┌──────────────────────┐
│第6章  水火电力系统多目标 │
│节能调度与优化方法     │
└──────────┬───────────┘
┌──────────────────────┐
│第7章  含风电储能装置的  │
│复杂电力系统节能调度    │
│与优化方法          │
└──────────┬───────────┘
┌──────────────────────┐
│第8章  结论与展望      │
└──────────────────────┘
```

图 1.5-2 本书主要框架

节能的影响;提出了水火电力系统节能运行的措施。

第3章:对群体智能算法仿电磁学算法的理论基础、优化原理及对优化问题求解的一般理论框架进行了分析;对经典仿电磁学算法的运行机制进行了分析;研究了影响仿电磁学算法优化性能的因素及其改进措施;提出适合于求解具有大规模变量优化问题的仿电磁学算法;对改进的仿电磁学算法的收敛性进行了证明;通过算例分析验证了算法的有效性。

第4章以强迫弃水和有益弃水的混合弃水策略为基础,将梯级水电站看作一个整体,建立蕴涵末级水电站弃水电量最小、水力资源电站间分配时的发电量增益最大和水电站总发电量最大的梯级水电站水库蓄能利用最大化长期优化调度数学模型。构建了描述蓄水量、发电引用流量、弃水流量、水库前池水位和放水路水位之间关系的水电站水头特性详细数学模型。基于递归思想,建立以弃水流量和发电引用流量表示的水库蓄水量表达式。针对日调节水电站在长期优化调度中的特殊性,采用比例放大策略,建立了水库的等效库容约束条件。以一个三级水电站为例进行仿真分析,以混合弃水策略为基础的水库蓄能利用最大化优化调度数学模型可以提高约 4% 的综合发电量,表明了有益弃水策略在合理分配水力资源和提高电站综合发电效益方面的有效性。

第 5 章:在研究梯级水电站间时空耦合特性及相互间互动机制基础上,分析了水电站弃水在水电站间水资源补偿及重复利用中的作用,提出了梯级水电站群动态弃水策略的数学模型;以发电量最大为前提推导了水电站产生弃水的最优性条件;在动态弃水策略基础上提出了以动态发电流量极限为基础的单目标水火电力系统节能调度优化数学模型,以充分发挥水电站在水火系统中的互补作用;研究了节能调度模型仿电磁学算法的快速求解方法。

第 6 章:建立兼顾用水、环境、节能等多方面要求的水火电力系统多目标节能调度模型;针对目前多目标优化模型在求解方面存在的问题,提出了利用仿电磁学算法和数据包络分析融合的多目标优化问题求解方法,该方法的优点无须考虑各个目标函数的性质,同时可为决策者提供利用优化目标和数据包络分析 DEA 值的双重准则来选取决策方案的方法,以减少多个目标追求下的决策盲目性。

第 7 章:以并网风电与储能系统时空多维度上的耦合互动特性和风火储电力系统间动态协调机制的综合分析为基础,建立考虑风储系统功率传递与能量时空多维度输移特性、储能系统能量周期性循环与功率能量转移守恒规律、风火储系统互动耦合特征影响并兼顾其功率调节与能量输移双重效用的容量多指标优化配置与调度一体化数学模型。通过风火储电力系统仿真表明,所提出的多指标优化配置策略,不仅能合理量化风火电力系统中的储能容量配置,实现调节容量和风电功率输出特性间的协调,而且可有效反映其时空多尺度上的动态互济特征,充分利用清洁风电的置换作用提高电力系统运行经济性。

第 8 章:对全书所做的主要工作和取得的成果进行概括和总结,提出未来需待进一步研究的内容。

第2章 水火电力系统节能运行理论分析

2.1 引 言

节能调度的实施要求在保障系统安全可靠运行的前提下优先利用清洁电源,火电机组按照能耗指标竞争上网,其本质上是提高电力系统能源的利用效率,实现社会、能源、环境之间互动协调发展。为了最大可能地提高水火电力系统运行的综合效率,最终实现节能经济运行,首要工作是研究水火电力系统运行特性,分析影响系统节能运行的因素及影响规律,探究实现系统节能运行的措施。

本章主要从系统物理运行角度考虑,针对电源、负荷及电网三个方面来研究水火电力系统的运行特征及节能运行的影响因素,主要包含以下几方面的内容。

2.1.1 系统电源特性分析

研究水电站的水电转换特性,分析各要素对水电转换的影响规律;分析水电站运行特性,包括水头特性、蓄水量特性、耗水特性、弃水特性等对水电站运行经济性的影响;分析梯级水电站的时空耦合特性、弃水特性及水电站间的相互作用规律;阐述火电厂的煤耗特性、机组机动特性等。

2.1.2 水火电力系统联合运行特性分析

利用拉格朗日最优条件分析了水火电力系统间互补运行特性;针对一定调度期内系统总负荷不变的情况,建立火电机组出力的优化模型,以此为基础利用拉格朗日最优条件分析负荷分布规律对系统节能运行的影响;分析电网对系统节能运行的影响。

2.1.3 水火电力系统节能运行策略分析

针对水火电力系统的运行特点及影响因素,探究系统节能运行的策略,为水火电力系统节能调度模型的构建提供理论基础。

2.2　水电站运行特性

2.2.1　水电站水电转换特性

　　水电站是利用水力系统和机电系统将水能转换为电能的物理耦合系统,科学合理地描述水电转换的物理运行机制,对于揭示水电转换因素间的作用规律及提高水电转换的综合效率具有重要意义。水电转换特性是在流体力学和能量守恒定律理论的基础上科学描述水电站水能到电能物理转换过程的数学方法。迄今为止,以伯努利流体能量守恒方程为基础的水电转换数学模型在实际工程和科学研究中得到了广泛应用,其在数学模型上可表示为

$$E_{\mathrm{H}} = 9.81(H + \frac{\Delta p}{\gamma} + \frac{\alpha_1 v_1^2 - \alpha_2 v_2^2}{2g})Qt \tag{2-1}$$

式中:H 为发电水头;Δp 为前池水位和尾水水位压强差;γ 为水比重;g 为重力加速度;α_1、α_2 为压力引力管的倾斜角度;v_1、v_2 为断面水流速度;Q 为水电机组发电流量;t 为时间。

　　在实际应用中,由于水库前池水位和尾水水位的压强差可忽略不计,断面流速水头数值相差较小,同时考虑水电转换效率的情况下,式(2-1)可简化为

$$E_{\mathrm{H}} = 9.81\eta HQt \tag{2-2}$$

式中:η 为转换效率;其他符号意义同前。

　　虽然式(2-2)科学严谨地揭示了水能到电能转换机制,反映了水电站出力的大小和水电站发电水头及发电流量有紧密关系,但是该模型无法更细致描述水库调节特性、水电机组位置、压力引水管的布置等因素对水电转换效益的影响规律。在此背景下,本节针对有调节水电站,利用水库水体分级思想、数学微元分析思想和能量守恒定律构建描述水电转换规律的详细数学模型,以便揭示水体微元动能、势能、压能和水库能间关系及更加详细地分析影响水能到电能转换效益的因素及作用规律。

2.2.1.1　水库水体分级

　　大型水库的形状比较复杂,为研究水库水体对水电转换的影响规律,同时为简化待分析问题的复杂性,需对水库水体进行分级处理,其基本思想是:以水库水体形状为前提,以便于利用数学方法分析为目的对水体进行区间划分。假定水库具有图 2.2-1 所示的形状,以此为基础可将水库水体划分为立方水

体(WB1)、梯形水体(WB2)及锥形水体(WB3)三部分。

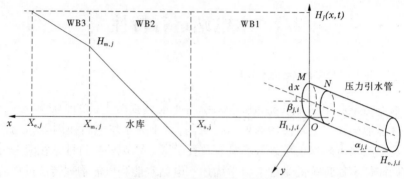

图 2.2-1　大型水库的水体分级

2.2.1.2　水库水体微元受力及能量分析

在水电转换系统中,水能转换为电能的多少和压力引水管入口处水体微元 MN 的受力情况有关。假定压力引水管完全光滑,不考虑摩擦力对水体微元的影响,则水体微元只受到外力和保守内力的作用。根据物理学物体受力分析理论,压力引水管入口处水体微元所受外力为水深压力和水库水体沿压力引水管方向的重力分量,而所受保守内力为自身重力。在水深压力和水库立方水体(WB1)、梯形水体(WB2)、锥形水体(WB3)重力分量的共同作用下,水体微元的机械能增加。在水体微元自身重力作用下实现重力势能到水体微元动能的转化。由水库水体重力作用而使水体微元所具有的能量称为水库能。在压力引水管出水口处水体微元同样受到水深压力的作用,其作用力方向与入口处水深压力作用方向相反,阻碍水体微元机械能的增加。

2.2.1.3　水体微元能量形成数学模型

1. 水体微元动能模型

水体微元在表面力和质量力的共同作用下,其运动到压力引水管入口处时具有一定速度,假定在压力引水管入口处水体微元的运动速度为 $v_{I,j,i}$,压力引水管管径为 $D_{j,i}$,压力引水管倾斜角度为 $\alpha_{j,i}$,那么其沿压力引水管方向所具有的动能 $K_{I,j,i}$ 可表示为

$$K_{I,j,i} = \frac{1}{8g}\gamma\pi D_{j,i}^2 v_{I,j,i}^2 \cos^{-1}\alpha_{j,i}\mathrm{d}x \qquad (2\text{-}3)$$

2. 水体微元压能模型

水体微元在水深压力的作用下将增加自身的机械能,水库水位高程与压力引水管所处高程之差越大,水体微元在压力引水管入口处的压能就越大。

$H_j(x,t)$ 为水库水位高程，$H_{\mathrm{I},j,i}$ 为压力引水管所处高程，水体微元所具有的压能 $F_{\mathrm{I},j,i}$ 可表示为

$$F_{\mathrm{I},j,i} = \frac{1}{4}\gamma\pi D_{j,i}^2\big[H_j(x,t) - H_{\mathrm{I},j,i}\big]\cos^{-1}\alpha_{i,j}\mathrm{d}x - \frac{1}{8}\gamma\pi D_{j,i}^3\cos^{-1}\alpha_{i,j}\mathrm{d}x$$

$$(2\text{-}4)$$

3. 水体微元势能模型

水体微元在自身重力作用下可转化为水体微元的部分动能，水体微元因自身重力而具有的能量称为势能，其势能 $E_{\mathrm{I},j,i}$ 可表示为

$$E_{\mathrm{I},j,i} = \frac{1}{4}\gamma\pi D_{j,i}^2 H_{\mathrm{I},j,i}\cos^{-1}\alpha_{j,i}\mathrm{d}x \qquad (2\text{-}5)$$

4. 水体微元水库能模型

根据水体微元受力分析，水库水体 WB1、WB2、WB3 沿压力引水管方向有重力分量对水体微元做功，$\gamma_{\mathrm{s},j,i}$、$\gamma_{\mathrm{m},j,i}$、$\gamma_{\mathrm{e},j,i}$ 分别表示机组水体间中心连线与 x 轴夹角，则第 i 个压力引水管入口处水体微元所具有的水库能可表示为

$$E_{\mathrm{s},j,i} = \gamma X_{\mathrm{s},j}Y_j\big[H_j(x,t) - H_{\mathrm{I},j,i}\big]\big[\sin\beta_{\mathrm{s},j}\cos(\alpha_{j,i} - \beta_{\mathrm{s},j}) +$$
$$\cos\beta_{\mathrm{s},j}\sin(\alpha_{j,i} - \beta_{\mathrm{s},j})\big]\cos^{-1}\alpha_{j,i}\cos^2\gamma_{\mathrm{s},j,i}\mathrm{d}x \qquad (2\text{-}6)$$

$$E_{\mathrm{m},j,i} = \frac{1}{2}\gamma Y_j(X_{\mathrm{m},j} - X_{\mathrm{s},j})\big[2H_j(x,t) - H_{\mathrm{m},j} - H_{\mathrm{I},j,i}\big]\big[\sin\beta_{\mathrm{m},j}\cos(\alpha_{j,i} - \beta_{j,i}) +$$
$$\cos\alpha_{j,i}\sin(\alpha_{j,i} - \beta_{\mathrm{m},j})\big]\cos^{-1}\alpha_{j,i}\cos^2\gamma_{\mathrm{m},j,i}\mathrm{d}x \qquad (2\text{-}7)$$

$$E_{\mathrm{e},j,i} = \frac{1}{3}\gamma Y_j(X_{\mathrm{e},j} - X_{\mathrm{m},j})\big[H_j(x,t) - H_{\mathrm{m},j}\big]\big[\sin\beta_{\mathrm{e},j}\cos(\alpha_{j,i} - \beta_{\mathrm{e},j}) +$$
$$\cos\beta_{\mathrm{e},j}\sin(\alpha_{j,i} - \beta_{\mathrm{e},j})\big]\cos^{-1}\alpha_{j,i}\cos^2\gamma_{\mathrm{e},j,i}\mathrm{d}x \qquad (2\text{-}8)$$

5. 压力引水管出口水体微元能量分析

$p_{\mathrm{O},j,i}$ 为压力引水管出口处的压强，则该压强对水体微元所做的功 $F_{\mathrm{O},j,i}$ 为

$$F_{\mathrm{O},j,i} = \frac{1}{4}\pi D_{j,i}^2 p_{\mathrm{O},j,i}\cos^{-1}\alpha_{j,i}\mathrm{d}x \qquad (2\text{-}9)$$

$v_{\mathrm{O},j,i}$ 为水体微元在水轮机出水口处速度，则水体微元具有的动能 $K_{\mathrm{O},j,i}$ 为

$$K_{\mathrm{O},j,i} = \frac{1}{8g}\gamma\pi D_{j,i}^2\cos^{-1}\alpha_{j,i}v_{\mathrm{O},j,i}^2\mathrm{d}x \qquad (2\text{-}10)$$

$H_{\mathrm{O},j,i}(t)$ 为水电站水轮机出水口处高程，则水体微元所具有的势能 $E_{\mathrm{O},j,i}$ 为

$$E_{\mathrm{O},j,i} = \frac{1}{4}\gamma\pi D_{j,i}^2 H_{\mathrm{O},j,i}(t)\cos^{-1}\alpha_{j,i}\mathrm{d}x \qquad (2\text{-}11)$$

2.2.1.4 水电转换详细模型

根据理想质点系功能原理及能量守恒定律[103]，同时不考虑水能在水电

站内部进行能量转换时的损失,假定水库的调节周期为 $N_{R,j}$,水库最大利用小时数为 $T_{max,j,i}$,则水电站机组 i 在时段 dt 内所产生的出力即所产生的电功率 $E_{G,j,i}(t)$ 为

$$E_{G,j,i}(t) = \left[K_{I,j,i} + F_{I,j,i} + E_{I,j,i} + \frac{E_{s,j,i} + E_{m,j,i} + E_{e,j,i}}{N_{R,j}(3\,600 \times T_{max,j,i})} - K_{0,j,i} - F_{0,j,i} - \right.$$

$$\left. E_{0,j,i} \right] \times \frac{1}{dt} \times \frac{1}{102}$$

$$= \left\{ \frac{1}{4}\gamma\pi D_{j,i}^2 \cos^{-1}\alpha_{j,i} \frac{dx}{dt}\left[(H_j(x,t) - H_{I,j,i}) - \frac{p_{0,j,i}}{\gamma} \right] + \right.$$

$$\frac{1}{8g}\gamma\pi D_{j,i}^2 \cos^{-1}\alpha_{j,i} \frac{dx}{dt}(v_{I,j,i}^2 - v_{0,j,i}^2) +$$

$$\frac{1}{4}\gamma\pi D_{j,i}^2 \cos^{-1}\alpha_{j,i} \frac{dx}{dt}[H_{I,j,i} - H_{0,j,i}(t)] - \frac{1}{8}\gamma\pi D_{j,i}^3 \cos^{-1}\alpha_{j,i}\frac{dx}{dt} +$$

$$\frac{\gamma X_{s,j}Y_j[H_j(x,t) - H_{I,j,i}]\cos^{-1}\alpha_{j,i}\cos^2\gamma_{s,j,i}\frac{dx}{dt}}{N_{R,j}(3\,600 \times T_{max,j,i})} +$$

$$\frac{\frac{1}{2}\gamma Y_j(X_{m,j} - X_{s,j})[2H_j(x,t) - H_{m,j} - H_{I,j,i}]\cos^{-1}\alpha_{j,i}\cos^2\gamma_{m,j,i}\sin\alpha_{j,i}\frac{dx}{dt}}{N_{R,j}(3\,600 \times T_{max,j,i})} +$$

$$\frac{\frac{1}{3}\gamma Y_j(X_{e,j} - X_{m,j})[H_j(x,t) - H_{m,j}]\cos^{-1}\alpha_{j,i}\cos^2\gamma_{e,j,i}\sin\alpha_{j,i}\frac{dx}{dt}}{N_{R,j}(3\,600 \times T_{max,j,i})} -$$

$$\frac{1}{8g}\gamma\pi D_{j,i}^2 \cos^{-1}\alpha_{j,i}v_{0,j,i}^2\frac{dx}{dt} -$$

$$\left. \frac{1}{4}\pi D_{j,i}^2 p_{0,j,i}\cos^{-1}\alpha_{j,i}\frac{dx}{dt} - \frac{1}{4}\gamma\pi D_{j,i}^2 H_{0,j,i}(t)\cos^{-1}\alpha_{j,i}\frac{dx}{dt} \right\} \times \frac{1}{102} \quad (2\text{-}12)$$

机组发电流量 $Q_{G,j,i}(t)$ 可以表示为

$$Q_{G,j,i}(t) = \frac{1}{4}\pi D_{j,i}^2 \cos^{-1}\alpha_{j,i}\frac{dx}{dt} \quad (2\text{-}13)$$

则式(2-12)可以表示为

$$E_{G,j,i}(t) = \underbrace{9.81 Q_{G,j,i}(t)\left[(H_j(x,t) - H_{0,j,i}(t)) - \frac{p_{0,j,i}}{\gamma}\right]}_{f_1} + \underbrace{\frac{9.81}{2g}Q_{G,j,i}(t)(v_{I,j,i}^2 - v_{0,j,i}^2)}_{f_2} -$$

$$\underbrace{\frac{9.81}{2}Q_{G,j,i}(t)D_{j,i}}_{f_3} + \underbrace{\frac{9.81 X_{s,j}Y_j[H_j(x,t) - H_{I,j,i}]\sin\alpha_{j,i}\cos^2\gamma_{s,j,i}Q_{G,j,i}(t)}{\frac{1}{4}\pi D_{j,i}^2 N_{R,j}(3\,600 \times T_{max,j,i})}}_{f_4} +$$

$$\underbrace{\frac{9.81Y_j(X_{m,j}-X_{s,j})\left[2H_j(x,t)-H_{m,j}-H_{I,j,i}\right]\sin\alpha_{j,i}\cos^2\gamma_{m,j,i}Q_{G,j,i}(t)}{\frac{1}{2}\pi D_{j,i}^2 N_{R,j}(3\,600\times T_{max,j,i})}}_{f_5}+$$

$$\underbrace{\frac{9.81Y_j(X_{e,j}-X_{m,j})\left[H_j(x,t)-H_{m,j}\right]\sin\alpha_{j,i}\cos^2\gamma_{e,j,i}Q_{G,j,i}(t)}{\frac{3}{4}\pi D_{j,i}^2 N_{R,j}(3\,600\times T_{max,j,i})}}_{f_6} \qquad (2\text{-}14)$$

2.2.1.5 水电转换详细模型及影响因素作用规律分析

水电转换详细数学模型由六部分组成,其中:f_1与目前广泛应用的水电转换模型类似,其大小和发电水头及发电引用流量有关;f_2为由于压力引水管出口和入口处速度差而转化成的电能;f_3为与发电引用流量和压力引水管直径有关的电能附加项,其符号为负,等效于水能流经压力引水管而产生的能量损失;f_4、f_5、f_6为与水库调节性质、蓄水量、压力引水管放置角度及机组位置等因素有关的附加电能,由水库能转化而来。

根据水电转换详细模型的表示可以看出,水电转换除与水电站的运行水头及发电流量有关系外,还和水库的调节性质、最大利用小时数、机组位置、压力引水管管径及倾斜角度等因素有关。某水电站水库蓄水高程 $H_j(x,t)$ 为正常蓄水水位 780 m,死水水位高程为 731 m,调节库容为 57.96 亿 m³,梯形水体和锥形水体的连接处所处地面高程为 750 m,压力引水管管径 $D_{j,i}=6$ m,入口与出水口速度 $v_{0,j,i}$ 都为 8 m/s,$H_{0,j,i}$ 为水平轴 x 轴下 660 m,水库大坝的坝宽为 1 000 m。下面通过仿真分析各因素对水电转换的影响规律。

1. 压力引水管倾斜角度 $\alpha_{j,i}$ 对水电转换的影响分析

水电站参数 Y_j,$H_j(x,t)$,$H_{m,j}$,$H_{I,j,i}$,$H_{0,j,i}$,$X_{s,j}$,$X_{m,j}$,$X_{e,j}$,$Q_{G,j,i}$,$D_{j,i}$,$v_{I,j,i}$,$v_{0,j,i}$ 保持不变,$\gamma_{s,j,i}$、$\gamma_{m,j,i}$ 和 $\gamma_{e,j,i}$ 的值为零,$X_{s,j}=3\,200$ m,$X_{m,j}$、$X_{e,j}$ 分别由水库的死库容和兴利库容确定,水库性质为不完全多年调节,水库水体最大利用小时数为 10 000 h。压力引水管倾斜角度 $\alpha_{j,i}$ 从 0° 逐渐增加到 90° 时,$\alpha_{j,i}$ 与水电站机组出力间的关系如图 2.2-2 所示。

压力引水管倾斜角度 $\alpha_{j,i}$ 的改变并没有改变压力引水管入口处水体微元所受压强的大小,同时假定压力引水管入口处与出口处水体微元速度相同并保持不变,则水电机组水电转换模型中 f_1、f_2 和 f_3 的值不随 $\alpha_{j,i}$ 的变化而变化。当压力引水管倾斜角度 $\alpha_{j,i}$ 在 0~90° 范围变化时,因水库水体沿压力引水管方向的重力分量随 $\alpha_{j,i}$ 的增加而增加,f_4、f_5、f_6 也随着 $\alpha_{j,i}$ 的增加而增加。特别 $\alpha_{j,i}$ 在 0~60° 范围内变化时,机组功率随 $\alpha_{j,i}$ 的增加几乎呈线性增加,当 $\alpha_{j,i}>$

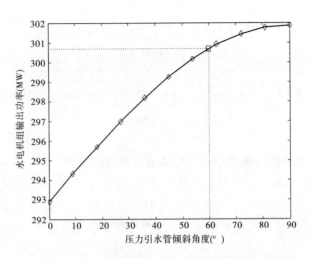

图 2.2-2　压力引水管倾斜角度 $\alpha_{j,i}$ 与水电机组输出功率关系曲线

60°时机组功率随 $\alpha_{j,i}$ 增加其增加速度逐渐下降；$\alpha_{j,i}$ 为90°时，f_4、f_5、f_6 的值达到最大，水电机组获得最大输出功率。

2. 水电机组位置对水电转换的影响分析

为寻求水电机组位置对机组功率的影响，假定保持压力引水管倾斜角度 $\alpha_{j,i}$ 不变，通过改变纵坐标 $y_{j,i}$ 的值来改变角 $\gamma_{s,j,i}$、$\gamma_{m,j,i}$ 和 $\gamma_{e,j,i}$ 的大小，其他水电站参数保持不变。$\gamma_{s,j,i}$、$\gamma_{m,j,i}$ 和 $\gamma_{e,j,i}$ 的值随机组位置的变化规律如图 2.2-3 所示，机组输出功率随机组位置的变化规律如图 2.2-4 所示。

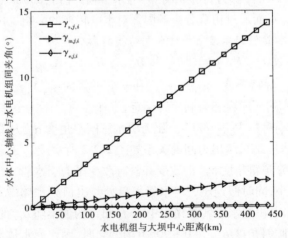

图 2.2-3　水电机组位置与角 $\gamma_{s,j,i}$、$\gamma_{m,j,i}$ 和 $\gamma_{e,j,i}$ 的关系曲线

由仿真曲线可以看出，随着水电机组与大坝中心距离的增加，水电机组与

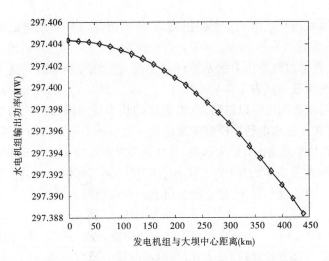

图 2.2-4　水电机组位置与机组输出功率关系曲线

水库水体中心轴线间夹角 $\gamma_{s,j,i}$、$\gamma_{m,j,i}$ 和 $\gamma_{e,j,i}$ 逐渐增加,而水电机组的输出功率随 $\gamma_{s,j,i}$、$\gamma_{m,j,i}$ 和 $\gamma_{e,j,i}$ 的增加而减少。因此,水电机组与水体中心轴线夹角越小,越有助于机组输出功率的提高,同等条件下位于大坝中心的机组水电转换效率最高。对于水库规模相对较大的水电站,其水体中心到大坝的距离要远大于大坝长度,因此造成机组位置对 $\gamma_{s,j,i}$、$\gamma_{m,j,i}$ 和 $\gamma_{e,j,i}$ 的影响不是很大,从而对机组功率的影响也较小。

3. 水库综合特性对水电转换的影响分析

在水电站水库总库容不变情况下,分析水库的形状、水头、最大利用小时数、压力引水管倾斜角度等综合因素对水电机组输出功率的影响。在仿真分析时,水库调节库容在保持 57.96 亿 m^3 不变的情况下,可通过改变 $X_{s,j}$ 和 $X_{m,j}$ 的值来分析综合因素对水电机组出力的影响,其结果如表 2.2-1 所示。

表 2.2-1　水库综合特性与水电机组功率关系

$X_{s,j}$ (m)	$X_{m,j}$ (m)	H_j (m)	EG (MW)	$\alpha_{j,i}$(°)						
				0	10	20	30	40	50	60
10000	30000	972.50	EG1	1993.74	1997.29	2000.74	2003.97	2006.89	2009.41	2011.46
10000	32000	961.00	EG2	1917.19	1920.58	1923.87	1926.96	1929.76	1932.17	1934.12
10000	34000	950.54	EG3	1847.59	1850.84	1854.00	1856.96	1859.64	1861.95	1863.82
10000	36000	941.00	EG4	1784.05	1787.17	1790.20	1793.04	1795.61	1797.83	1799.63
10000	38000	932.25	EG5	1725.80	1728.80	1731.72	1734.45	1736.92	1739.06	1740.79
10000	40000	924.20	EG6	1672.22	1675.11	1677.91	1680.55	1682.93	1684.99	1686.65
10000	42000	916.76	EG7	1622.75	1625.54	1628.25	1630.79	1633.09	1635.08	1636.68

注:EG1 ~ EG7 表示 7 种情况下机组输出功率。

水库的形状与 $X_{s,j}$ 和 $X_{m,j}$ 密切相关,其值的改变可影响水电机组的运行水头 H_j,同时也将改变 $\gamma_{s,j,i}$、$\gamma_{m,j,i}$ 和 $\gamma_{e,j,i}$ 的角度值,进而对水电机组的输出功率产生影响,并通过改变压力引水管倾斜角度 $\alpha_{j,i}$ 的大小来研究其对机组功率输出的影响程度。从表 2.2-1 可看出 $\gamma_{s,j,i}$、$\gamma_{m,j,i}$ 和 $\gamma_{e,j,i}$ 的改变对水电机组功率的影响与水头相比可以忽略,水电机组的功率输出随水头的增加几乎成线性增加,与实用化水电转换模型的理论相一致。压力引水管的倾斜角度 $\alpha_{j,i}$ 对水电机组的功率输出也有较大影响,当水头都为 972.50 m,$\alpha_{j,i} = 60°$ 与 $\alpha_{j,i} = 0°$ 时的功率相比提高了约 0.9%。当 $\alpha_{j,i} = 0°$ 并不考虑因压力引水管侧面面积存在而产生的压强差时,所建立的水机电耦合模型可表示为

$$E_{G,j,i}(t) = 9.81\left[H_j(x,t) - H_{O,j,i} \right] Q_{G,j,i}(t) \tag{2-15}$$

当 $\alpha_{j,i} = 60°$、$X_{s,j} = 10\ 000$ m 和 $X_{m,j} = 30\ 000$ m 时,式(2-14)中由水库能 f_4、f_5 和 f_6 所转换的功率为 17.72 MW,与原水电转换模型的功率相比提高了约 1%。根据 f_2 的模型,减少水轮机出口流速可进一步提高水电转换效率。如果水库的调节周期变短,最大利用小时数 T_{max} 减小,那么由 f_4、f_5 和 f_6 转换的功率会进一步提高,意味着水能利用效率的进一步提高。

2.2.1.6 水电转换特性分析

根据水电转换详细模型的仿真分析得出水电站的水电转换特性如下:

(1)影响水能到电能转换效率的因素不仅与水头和发电流量有关,还与水库库容、调节能力、机组位置、最大利用小时数、压力引水管的倾斜角度及压力引水管的入口和出口的水速差等有密切关系。

(2)压力引水管的倾斜角度 $\alpha_{j,i}$ 对水电转换效率有较明显的影响,并且在 $0\sim90°$ 范围内机组功率随着 $\alpha_{j,i}$ 的增加而增大,在 $0\sim60°$ 范围内机组功率与 $\alpha_{j,i}$ 之间几乎成线性关系,而水电机组位置对机组功率的影响在水电转换的比重中较小,可不予考虑。

(3)水电转换详细模型与无修正实用化水电转换模型确定的机组功率相比相差 1%~2%,实际水电转换模型在计算机组功率时相对保守,在分析计算中需要在实用化水电转换模型中增加修正系数。

(4)由于水库水体存在而产生的水库能与水库性质及机组最大利用小时数共同作用下对水电转换也有明显影响,因此在水电站节能运行中要合理利用水资源及合理确定最佳利用小时数,以便合理高效地利用水库水资源。

(5)在发电流量不变的情况下,水头对水电转换效率的影响最大,水头越高,水电转换效率越高,在节能调度中要充分研究水头的规律,挖掘影响水头的因素,充分协调各要素间的互动特性,提高水电站的综合运行效益。

2.2.2 水电站运行特性

2.2.2.1 水电站水头特性

水电站水头特性可以有效反映水能资源的做功能力及水资源的利用水平。根据水电站水电转换特性，当机组发电流量及其他相关影响因素不变时，机组功率随水电站水头的增加而增大，而在机组功率不变的情况下，水头越大，水电机组的耗水量和耗水率就越小，水电转换效率就越高，水电站的运行就越经济。

由水电转换数学模型可看出，水电站总水头主要由位置水头、压强水头及流速水头三部分组成，其中由于压强水头和流速水头在总水头中所占份额较小，可不予考虑，在水利计算中可利用位置水头表示水电站的运行总水头[104]。但在水电转换过程中，水能资源的能量损失会导致部分水头的损失，因此研究水电站运行中的发电净水头的数学模型显得非常重要，可直接影响到发电计划制订及水库用水计划的合理性。经过众多学者理论研究和根据水电站实际运行特征，对发电净水头的数学描述主要有固定水头[105]和变水头[106]两种形式。固定水头主要是针对大型高水头水库其水头在短期内变化较小的实际情况提出的，但对于大多数水电站来说，利用变水头模型更能反映水电站的真实运行情况。

水电站变水头模型的数学模型比较多，有线性分段模型、非线性分段模型及非线性模型等，而通常所用的变水头数学模型是利用水电站前池水位、尾水水位和发电流量共同表示的非线性模型，其数学模型[107]一般表示为

$$\begin{cases} H = Z_{\mathrm{u}} - Z_{\mathrm{d}} - h_{\mathrm{L}}(Q) \\ h_{\mathrm{L}}(Q) = k_{\mathrm{q}}Q^2 + k_{\mathrm{f}}Q + k_{\mathrm{c}} \end{cases} \tag{2-16}$$

式中：Z_{u} 为水库前池水位，通常采用时段初末水位平均值表示；Z_{d} 为水库尾水水位，一般可认为尾水水位不变或表示成与发电流量有关的非线性模型[108]；$h_{\mathrm{L}}(Q)$ 为水头损失，主要和机组发电流量有关；k_{q}、k_{f} 及 k_{c} 为水头损失系数，一般可通过水力计算、设计资料或历史数据的拟合得到。

2.2.2.2 水电站蓄水量特性

水电站蓄水量特性是用来表征有调节水电站水库水位与库容之间关系的数学方法，按照水库中水体的运动特征可分为静态蓄水量特性和动态蓄水量特性。静态蓄水量特性主要用来描述水库中无水体运动时的水位和库容之间的数量关系，然而有调节电站水库水体一般都处在运动之中，利用动态蓄水量特性来描述水库水位和库容之间数量关系更具有合理性，但其计算中涉及动

库容,需采用不稳定流计算方法等进行计算,需要资料多,过程比较复杂。水利计算中一般采用静态蓄水量特性进行描述,但同时要考虑水库入库流量和出库流量对水库水位和库容的影响,其数学模型可表示为

$$Z_{t+\Delta t} = f(V_t + \int_t^{t+\Delta t} Q_1 dt - \int_t^{t+\Delta t} Q_0 dt) \tag{2-17}$$

式中:$Z_{t+\Delta t}$ 为时段末水库前池水位;$f(\cdot)$ 为库容与水位间转换函数,一般为非线性函数,可根据水库的特性利用历史数据拟合获得;V_t 为水库时段初库容;Q_1、Q_0 分别为水库的入库流量和出库流量。

在工程计算中难以得到 Q_1、Q_0 随时间变化的函数表达式,为简化计算,通常假定在单时段内 Q_1、Q_0 不随时间变化,则式(2-17)的离散化模型为

$$Z_{t+\Delta t} = f[V_t + (Q_1 - Q_0)\Delta t] \tag{2-18}$$

水电站蓄水量特性不仅是水库调节计算的基础,也是水电转换中确定机组发电水头的前提。因此,水电站蓄水量特性的合理性对水电转换中机组功率的计算具有重要影响,最终会影响到水电站的出力计划和用水计划的制订,从而影响到水电站运行的经济性。

2.2.2.3 水电站耗水特性

水电站耗水特性用来反映水电转换过程中机组出力与发电用水之间的关系,其主要包括水电站耗水量特性、耗水率特性和耗水微增率特性。

耗水量特性用来反映单位时间内水电站机组出力与发电用水量之间的关系;耗水率特性反映了机组单位发电量的用水特性;耗水微增率特性描述了机组出力变化和发电用水变化间的关系。

水电站耗水量特性、耗水率特性及耗水微增率特性的数学模型分别为

$$Q_H = \frac{P_H}{9.81\eta[Z_u - Z_d - h_L]} \tag{2-19}$$

$$\lambda_E = \frac{W_H}{E_H} = \frac{\int_0^t Q_H dt}{\int_0^t 9.81\eta Q_H[Z_u - Z_d - h_L(Q_H)] dt} \tag{2-20}$$

$$\lambda_H = \frac{\Delta Q_H}{\Delta P_H} = 9.81\eta(H + Q_H \frac{\Delta H}{\Delta Q}) \tag{2-21}$$

式中:W_H 为水电机组的总发电用水;Q_H 为单位时间内水电机组总发电用水;ΔQ_H 为机组发电用水变化量;ΔP_H 为水电机组出力变化量;λ_E 为耗水率;λ_H 为耗水微增率。

根据水电站耗水特性可知,它们在不同层面上描述了水电站水能资源的

利用水平,可反映水电站用水的综合经济性。由水电转换特性及水电站耗水特性的数学模型可看出,水电站水头越大,水电机组的耗水量和耗水率就越小,水电站水能资源的利用率就越高,更有利于水电站节能运行。耗水微增率因与水头大小和发电流量都有关系,其值可随水头的增加而增加,也可随水头的增加而减小,可用于确定型优化方法对水电站优化调度问题的求解中。

2.2.2.4 水电站弃水特性

水电站弃水特性是指水电站运行过程中由于客观因素和人为因素的影响使得部分水能资源直接下泄而没有用于水电转换的特性。

弃水特性是水电站运行的一个典型特征,弃水的产生将导致水能资源的利用效率降低。当弃水产生时,若水电机组未实现满出力运行,还将会造成发电量的损失,从而影响到水电站的高效运行[109]。因此,在水电站运行过程中,制订合理的弃水策略尽量避免弃水产生,以提高水能资源的利用水平。

目前被广泛应用的弃水策略是强迫弃水策略[110],即当水库蓄水量或水位达到最大的设定极限且水库入库流量大于最大发电流量极限时产生弃水,其实质上是尽可能将水能资源存储在水库中以便抬高水电站的运行水头及满足以后调度期内发电用水的需求。$Z_{u,max}$ 为水库允许的最高蓄水水位,Q_{max} 为水库允许的最大发电流量,S 为弃水流量,则强迫弃水策略的数学模型为

$$\begin{cases} Z_u = Z_{u,max} \\ Q_1 > Q_{max} \\ S = Q_1 - Q_{max} \end{cases} \tag{2-22}$$

强迫弃水策略可提高水电站的水能利用量及利用效率,但根据强迫弃水策略的数学模型可看出,其最大发电流量极限是固定不变的量,不能够反映流量与水头间的最佳协调关系,需要对水电站的弃水策略做进一步研究。

2.3 梯级水电站运行特性

2.3.1 梯级水电站耦合特性

图 2.3-1 为梯级水电站系统示意图,q_i、V_i、S_i、Q_i 分别为水电站 i 独立来水流量、蓄水量、弃水流量、发电流量,其中 $i = 1, 2, \cdots, N$。梯级水电站的空间位置分布使得处在上游的水电站水库的出库流量可以被下游水电站继续用来发电,而对于相邻较近的水电站,处在下游的水电站对上游水电站的尾水水位也会有影响,因此梯级水电站间具有明显的水力联系和时间关联性,主要包括

蓄水量耦合、时间耦合、水头耦合等。

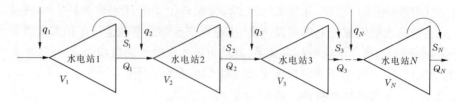

图 2.3-1　梯级水电站系统

梯级水电站蓄水量耦合反映了处在上游水电站的水库泄水规律对下游相邻水电站水库蓄水量变化影响的特性,其数学模型为

$$
\begin{cases}
V_1(t+1) = V_1(t) + \left[q_1(t) - S_1(t) - Q_1(t)\right]\Delta t \\
V_2(t+1) = V_2(t) + \left[S_1(t-\tau) + Q_1(t-\tau) + q_2(t) - S_2(t) - Q_2(t)\right]\Delta t \\
V_3(t+1) = V_3(t) + \left[S_2(t-\tau) + Q_2(t-\tau) + q_3(t) - S_3(t) - Q_3(t)\right]\Delta t \\
\qquad\qquad\qquad\qquad\vdots \\
V_N(t+1) = V_N(t) + \left[S_{N-1}(t-\tau) + Q_{N-1}(t-\tau) + q_N(t) - S_N(t) - Q_N(t)\right]\Delta t
\end{cases}
$$

$$(2\text{-}23)$$

梯级水电站时间耦合反映了不同时期水电站用水计划和水库蓄水规律对后续时段用水计划及水库蓄水情况的影响,通过对式(2-23)采用递归策略可得到其数学模型为

$$
\begin{cases}
V_1(t+1) = V_1(1) + \displaystyle\sum_{T=1}^{t} \left[q_1(T) - S_1(T) - Q_1(T)\right]\Delta t \\[2mm]
V_2(t+1) = V_2(1) + \displaystyle\sum_{T=1}^{t} \left[S_1(T-\tau) + Q_1(T-\tau) + q_2(T) - S_2(T) - Q_2(T)\right]\Delta t \\[2mm]
V_3(t+1) = V_3(1) + \displaystyle\sum_{T=1}^{t} \left[S_2(T-\tau) + Q_2(T-\tau) + q_3(T) - S_3(T) - Q_3(T)\right]\Delta t \\[2mm]
\qquad\qquad\qquad\qquad\vdots \\[2mm]
V_N(t+1) = V_N(1) + \displaystyle\sum_{T=1}^{t} \left[S_{N-1}(T-\tau) + Q_{N-1}(T-\tau) + q_N(T) - S_N(T) - Q_N(T)\right]\Delta t
\end{cases}
$$

$$(2\text{-}24)$$

梯级水电站水头耦合反映了上下游电站蓄水规律和用水计划对彼此间水头情况的影响特性。上游电站主要是通过相邻电站间蓄水量耦合特性来影响下游电站水库的前池水位进而影响其水头,而下游电站主要通过自身前池水位改变上游电站尾水水位而影响其水头。一般而言,上游电站对下游电站的

水头会造成影响,只有在上游电站尾水水位和下游电站的前池水位有重叠特性时才考虑下游电站对上游电站的水头影响。Lyra 针对下游电站对上游电站水头的影响情况进行了研究,V_d 为相邻下游电站的水库蓄水量,则上游电站在考虑下游电站影响下的水头模型为[13]

$$\begin{cases} H = Z_u - Z_d - h_L(Q) \\ h_L(Q) = k_q Q^2 + k_f Q + k_c \\ Z_d = Z_d(Q + S, V_d) \end{cases} \tag{2-25}$$

水电站流域的梯级开发能实现水能资源在水电站间的重复利用,在水电站运行时充分利用水电站间的耦合特性来改变各水电站水库的蓄水规律、水头运行规律等,可显著提高流域水能资源的综合利用效率。

2.3.2 梯级水电站制约特性

梯级水电站间的耦合特性使得水电站在运行过程中只有从局部和全局来统筹考虑并充分利用自身的调节特性才能合理高效地利用水能资源,从而促进水电站节能运行。然而实际中存在一些客观因素和主观因素的制约,影响着梯级水电站水能利用效益,这些制约因素主要有自然条件的制约、电网结构的制约、运行方式的制约、负荷特性及用电方式的制约、人为因素的制约等。因此,在梯级水电站运行中要通过提高来水及负荷预测精度、改善电网结构、制订合理的运行策略等手段来提高整个梯级水电站运行的综合经济性。

2.3.3 梯级水电站弃水特性

弃水是影响梯级水电站水能资源利用程度的一个重要因素。根据梯级水电站蓄水量耦合特性可看出,处在上游的电站产生弃水时可以被下游的水电站重复利用,单一水电站的弃水对于梯级水电站整体来水并不一定意味着损失。因此,对梯级水电站弃水的处理方式应和单一水电站不同,如果仅从局部考虑按照单一水电站的强迫弃水方式利用水能资源,则会降低整个梯级流域的水能利用效益。

为提高梯级水电站水能利用的合理性,针对其运行特性,本书提出从全局角度考虑的梯级水电站有益弃水策略,其基本思想是:将梯级水电站看作一个整体,只有当最后一级水电站产生弃水时才认为有弃水产生,而系统内部单一水电站的弃水可看作水能资源在水电站间的再分配,单一水电站的弃水条件则以提高整体发电量为前提,上游水电站在满足运行约束及水能资源可持续利用的前提下,存储在水库中的部分水能资源如果在下游水电站中利用后能增加梯级水电站总的发电效益将进行人为放水,实现弃水的重复利用。以图2.3-1的梯级水电站为基础,说明有益弃水策略的水能资源分配原理。

Z_i、$\overline{Z_i}$、Q_i、$\overline{S_i}$ 分别表示水电站 i 的初始前池水位、有益弃水后的前池水位、发电流量和有益弃水流量。假定水电站尾水水位和发电流量保持不变,水电站1产生有益弃水后各水电站机组出力变化的数学模型为

$$\begin{cases} \Delta E_1 = 9.81\eta_1(Z_1 - \overline{Z_1})Q_1\Delta t \\ \Delta E_2 = 9.81\eta_2(Z_2 - \overline{Z_2})Q_2\Delta t \\ \Delta E_3 = 9.81\eta_3(Z_3 - \overline{Z_3})Q_3\Delta t \\ \quad\quad\quad\quad\vdots \\ \Delta E_N = 9.81\eta_N(Z_N - \overline{Z_N})Q_N\Delta t \end{cases} \qquad (2-26)$$

水电站1产生有益弃水后,梯级水电站总发电量的增益 ΔE 为

$$\Delta E = \sum_{i=2}^{N} \Delta E_i - \Delta E_1 \qquad (2-27)$$

若水电站1的水库库容较大,其产生有益弃水后不会使 ΔE_1 太大,却可以增加下游水电站的发电水头和发电流量,从而使下游水电站发电量增益之和 $\sum_{i=2}^{N} \Delta E_i$ 有较大的值,使得梯级水电站总的发电增益 ΔE 大于零。因此,有益弃水策略的目的就是实现水力资源在梯级水电站之间的重新分配以提高水能转换效益,实现水能资源的高效利用。

对于梯级水电站的最后一级电站仅采取强迫弃水策略,以便尽可能减少由于弃水而产生的发电效益损失。

2.4 火电厂运行特性

2.4.1 火电厂耗燃料特性

火电厂在运行过程中通过使用燃煤、燃油等非可再生碳基能源进行电能的生产,火电厂耗燃料特性就是为描述火电厂电能生产与燃料消耗间的变化规律而用数学方法建立的数量关系,是掌握火电厂运行的经济特性及实现其节能运行的基础,主要包括耗量特性、耗率特性和耗量微增率特性。

耗量特性反映了单位时间内机组出力与燃料消耗量的关系;耗率特性反映了单位发电量与燃料消耗的关系;耗量微增率特性反映了单位时间内机组出力变化与燃料消耗量变化间的关系。

尽管有些学者针对火电机组运行的实际情况提出了考虑阀点效应的耗量特性数学模型[111]，在电力系统优化运行中耗量特性通常仍采用二次函数模型表示[112]，耗率特性及耗量微增率特性可根据耗量特性推导出各自的数学模型。耗量特性、耗率特性及耗量微增率特性的数学模型分别为

$$F = AP_{\mathrm{Th}}^2 + BP_{\mathrm{Th}} + C \tag{2-28}$$

$$\lambda_{\mathrm{F}} = \frac{\int_0^t (AP_{\mathrm{Th}}^2 + BP_{\mathrm{Th}} + C)\,\mathrm{d}t}{\int_0^t P_{\mathrm{Th}}\mathrm{d}t} \tag{2-29}$$

$$\lambda_{\mathrm{T}} = \frac{\Delta F}{\Delta P_{\mathrm{Th}}} = \frac{\mathrm{d}F}{\mathrm{d}P_{\mathrm{Th}}} = AP_{\mathrm{Th}} + B \tag{2-30}$$

式中：P_{Th} 为火电机组出力；ΔP_{Th} 为火电机组出力变化量；A、B、C 为燃料耗量特性系数；F 为单位时间机组出力的燃料消耗量；ΔF 为燃料消耗量变化量；λ_{F} 为耗率；λ_{Th} 为耗量微增率。

火电厂耗燃料特性反映了火电机组的能耗水平。根据工程实践和学者的研究，在耗燃料特性数学模型中系数 A、B、C 一般大于零，因此对于同一机组其出力越大，燃料消耗越多，耗量微增率就越大，但是耗率特性随机组出力的增加呈现下降趋势，在额定出力时耗率特性达到最小，机组运行最经济[113]。对于不同的机组出力相同时，一般大容量机组能耗水平低，负荷按照等耗量微增率原则在机组间分配时系统运行最节能。

2.4.2　火电机组机动特性

火电机组机动特性是指机组通过启停计划或功率的调整来参与频率调节、功率调节及事故控制的响应能力，主要包括机组的启停特性及爬坡特性。当电力系统运行过程中会出现负荷变化范围较大的情况，可充分利用火电机组的机动特性来保证电力系统运行的经济性和安全性。

电力系统优化调度中的机组组合问题、经济调度问题等就利用了火电的机动特性提高了电力系统运行的综合效益。然而机组的启停特性和爬坡特性是受到机组自身技术条件的制约的，包括最小开停机时间的限制、开停机燃料消耗的制约、机组爬坡速度的限制及机组最大最小出力的限制等。在制订机组的出力计划时，若不考虑上述条件的制约，将可能使制订出来的计划无法执行，甚至可能出现系统总发电煤耗量增加的情况。

2.5 水火电力系统联合运行特性

2.5.1 水火电力系统间的互动特性

图 2.5-1 为一简化的水火电力系统,共有 N 个水电机组和 M 个火电机组,不考虑电网网损影响,系统负荷可采用集中负荷 P_D 表示。在水火电力系统中只有充分发挥水电能源的互补优势,才能在最大程度上实现火电厂运行时的节能降耗。水火电力系统中水电和火电的作用规律是怎么样的,水电机组和火电机组出力变化对整个系统的节能运行有什么影响,下面以简化的水火电力系统为基础来分析水火电间的互动规律。

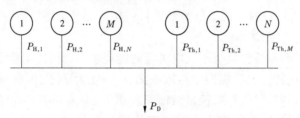

图 2.5-1 简化的水火电力系统

根据电力供应的实时平衡特性,在负荷 P_D 已知的情况下所有水电机组和火电机组的出力之和需要等于负荷 P_D,其数学模型为

$$\sum_{i=1}^{N} P_{H,i} + \sum_{j=1}^{M} P_{Th,j} = P_D \tag{2-31}$$

水火电力系统节能运行问题最终要归结为系统的优化运行问题,要想使系统所消耗的燃料最小,在不考虑电网网损的情况下可采用火电机组的总燃料耗量最小作为优化目标,火电机组的耗量特性采用式(2-28)的二次函数模型表示,则优化目标的数学模型为

$$\min \sum_{j=1}^{M} (A_j P_{Th,j}^2 + B_j P_{Th,j} + C_j) \tag{2-32}$$

在仅考虑负荷平衡约束条件下,可通过构造拉格朗日函数来求得火电机组获得最小燃料消耗时的机组出力,构造的拉格朗日函数为

$$L(P_{H,i}, P_{Th,j}, \lambda) = \sum_{j=1}^{M} (A_j P_{Th,j}^2 + B_j P_{Th,j} + C_j) - \lambda \left(\sum_{i=1}^{N} P_{H,i} + \sum_{j=1}^{M} P_{Th,j} - P_D \right) \tag{2-33}$$

火电机组获得最小燃料消耗时的最优条件为

$$\begin{cases} \dfrac{\partial L}{\partial P_{\text{Th},j}} = 2A_j P_{\text{Th},j} + B_j - \lambda = 0 \\[3mm] \dfrac{\partial L}{\partial \lambda} = \displaystyle\sum_{i=1}^{N} P_{\text{H},i} + \sum_{j=1}^{M} P_{\text{Th},j} - P_D = 0 \end{cases} \quad (2\text{-}34)$$

根据式(2-34)可得到：

$$\begin{cases} P_{\text{Th},j} = \dfrac{\lambda - B_j}{2A_j} \\[5mm] \lambda = \dfrac{P_D - \displaystyle\sum_{i=1}^{N} P_{\text{H},i} + \sum_{j=1}^{M} \dfrac{B_j}{2A_j}}{\displaystyle\sum_{j=1}^{M} \dfrac{1}{2A_j}} \end{cases} \quad (2\text{-}35)$$

根据式(2-35)可得到火电机组获得最小燃料消耗时的机组出力,即

$$\begin{cases} P_{\text{Th},j} = \dfrac{P_D - \displaystyle\sum_{i=1}^{N} P_{\text{H},i} + \sum_{j=1}^{M} \dfrac{B_j}{2A_j}}{A_j \displaystyle\sum_{j=1}^{M} \dfrac{1}{A_j}} - \dfrac{B_j}{2A_j} \\[5mm] A_j > 0 \end{cases} \quad (2\text{-}36)$$

火电机组获得最小燃料消耗时的机组燃料总耗量为

$$F = \sum_{j=1}^{M} \Bigg[A_j \Bigg(\dfrac{P_D - \displaystyle\sum_{i=1}^{N} P_{\text{H},i} + \sum_{j=1}^{M} \dfrac{B_j}{2A_j}}{A_j \displaystyle\sum_{j=1}^{M} \dfrac{1}{A_j}} - \dfrac{B_j}{2A_j} \Bigg)^2 + $$

$$B_j \Bigg(\dfrac{P_D - \displaystyle\sum_{i=1}^{N} P_{\text{H},i} + \sum_{j=1}^{M} \dfrac{B_j}{2A_j}}{A_j \displaystyle\sum_{j=1}^{M} \dfrac{1}{A_j}} - \dfrac{B_j}{2A_j} \Bigg)^2 + C_j \Bigg] \quad (2\text{-}37)$$

在式(2-36)中 $A_j > 0$,火电机组的耗量特性曲线在不考虑阀点效应时随机组出力的增大呈现单调递增的趋势[114],根据火电机组获得最小燃料总耗量的推导过程可看出,在水火电联合运行的电力系统中,火电机组的最佳出力 $P_{\text{Th},j}$ 随水电站总出力的增加而呈现减少的趋势,总最小燃料消耗量 F 随水电站总出力的增加逐渐下降。因此,在水火电力系统联合运行中要实现火电厂最大程度上的燃料节约,就要充分挖掘水电站的发电潜力。

2.5.2 负荷特性对水火电力系统节能运行的影响

水火电力系统优化调度问题具有明显的时间耦合特性,在一定的调度期内水电机组和火电机组承担负荷的分布特性会对整个系统运行的经济性有重要影响。假定在整个调度周期内系统的总负荷 P_D 为已知,$P_{Dh,t}$ 为水电站在时段 t 承担的总负荷,$P_{Th,t}$ 为火电机组时刻 t 的出力,根据厂内经济负荷等微增率准则分配的最优原则,可将 M 台火电机组等值为一台火电机组,则负荷的分布特性对水火电力系统节能运行的影响规律可采用式(2-38)的优化模型分析。即

$$\begin{cases} \min \sum_{t=1}^{T} (AP_{Th,t}^2 + BP_{Th,t} + C) \\ \sum_{t=1}^{T} (P_{Th,t} + P_{Dh,t}) = P_D \end{cases} \qquad (2\text{-}38)$$

针对式(2-38)构造拉格朗日函数来推导出整个调度期内火电机组获得最小燃料消耗量的最优条件。构造的拉格朗日函数为

$$L(P_{Th,t}, \lambda) = \sum_{t=1}^{T} (AP_{Th,t}^2 + BP_{Th,t} + C) - \lambda \Big[\sum_{t=1}^{T} (P_{Th,t} + P_{Dh,t}) - P_D \Big]$$

$$(2\text{-}39)$$

整个调度期内火电机组获得最小燃料消耗量的最优条件为

$$\begin{cases} \dfrac{\partial L}{\partial P_{Th,t}} = 2AP_{Th,t} + B - \lambda = 0 \\ \dfrac{\partial L}{\partial \lambda} = \sum_{t=1}^{T} (P_{Th,t} + P_{Dh,t}) - P_D = 0 \end{cases} \qquad (2\text{-}40)$$

根据式(2-40)可得到

$$\begin{cases} P_{Th,t} = \dfrac{\lambda - B}{2A} \\ \lambda = \dfrac{P_D - \sum\limits_{t=1}^{T} P_{Dh,t} + \sum\limits_{t=1}^{T} \dfrac{B}{2A}}{\sum\limits_{t=1}^{T} \dfrac{1}{2A}} = 0 \end{cases} \qquad (2\text{-}41)$$

根据式(2-41)可得到整个调度期内火电机组获得最小燃料消耗时的机组出力,即

$$\begin{cases} P_{\mathrm{Th},t} = \dfrac{P_\mathrm{D} - \sum\limits_{t=1}^{T} P_{\mathrm{Dh},t} + \sum\limits_{t=1}^{T} \dfrac{B}{2A}}{2A \sum\limits_{t=1}^{T} \dfrac{1}{2A}} - \dfrac{B}{2A} \\ A > 0 \end{cases} \quad (2\text{-}42)$$

根据式(2-42)可看出,各时段火电机组的出力相等时整个调度期内火电厂总的燃料消耗才能达到最小。因此,在调度期内尽量保持火电机组负荷的均匀性,这也是水火电力系统中当各时段负荷已知的情况下,尽量使水电机组承担峰荷而火电机组承担基荷的原因。

水火电力系统运行中,丰水期水电站承担基荷而火电机组承担峰荷整个系统运行才会最经济,这是不是和火电机组承担负荷越均匀、系统运行越经济的理论相矛盾呢? 根据水火电力系统的互动特性分析可看出,水电机组的出力越大,火电机组在单时段的燃料消耗就越小,因此而产生的火电机组燃料消耗的减少可看作水电站的替代效益。火电机组承担的负荷尽量保持在整个调度期内的均匀性进而产生燃料消耗的减少可称为均衡效益。在丰水期水电站水资源丰富,这时水电站出力的增加而产生的替代效益大于因火电偏离负荷均衡点时产生的均衡效益的损失,因此在这种情况下将出现水电机组承担基荷而火电机组承担峰荷的情况。由此可见,这种现象的出现不仅和火电机组承担负荷越均匀、系统运行越经济的理论不相矛盾,恰好进一步验证了水火电力系统间的互动特性。

2.5.3　电网对水火电力系统节能运行的影响

电网的阻抗特性使得电能在电网的传输过程中会产生能量损耗,因其占机组总出力的比重比较客观,对电力系统运行经济性有重要影响,所以我国在很早就关注了网损的计算方法及对电力系统运行经济性的研究工作[115,116]。于尔铿等[116]针对火电系统比较了是否考虑网损修正时经济调度对整个系统运行经济性的影响,结果证明虽然考虑网损修正时略微增加了火电机组的耗煤率,但因为降低了某些离负荷中心较远机组的出力从而降低了网损,减少了火电机组的总出力,使得调度期内耗煤总量下降,实现了节能的目的。由此可看出,电网网损的多少不仅和电网的阻抗特性有关,还和负荷的多少、电源性质及电源分布等情况有关。

在水火电力系统节能运行中需要考虑网络损耗对节能调度的影响,但是由于水电电源和火电电源性质及分布特点的不同,在考虑网损时与火电系统考虑网损的方法具有不同之处,假如一味地追求网损最小则可能降低水电的替代效益而增加火电的整体出力,从而增加燃煤等非可再生能源的使用量,不利于整个系统的节能运行。

目前在水火电力系统联合运行中通常考虑火电总燃料耗量和网损修正之间的协调,由于火电总燃料消耗与网损之间的作用规律不具有一致性,在单目标优化中将网损折换为煤耗融入到目标函数中的权重系数还没有合理的确定方法,权重的不同将影响到节能效果,利用多目标的方法是有效解决燃料消耗、网损修正和可再生能源利用间关系的一种有前景的方法。

2.6 水火电力系统节能运行策略分析

水火电力系统节能调度问题最终归结为优化模型的求解问题,构建合理的优化目标和约束条件则是提高水火电力系统运行经济性的关键。根据水火电力系统节能运行理论的分析需要从以下几个方面来构建反映其运行特征的优化模型:

(1)挖掘水电站的发电潜力。根据水火电力系统的互动特性分析,水电站在满足运行的可持续性前提条件下如果充分挖掘水电站的发电潜力则可减少火电厂的总体出力,有利于实现燃煤等非可再生能源的节约。

(2)考虑负荷分布性的影响。根据负荷的分布特点、水电水资源情况及梯级水电站间的互动特性,在建立优化模型时要充分利用水火电间的互补特性,建立反映系统间替代效益和均衡效益互动的模型。

(3)考虑网损因素的影响。考虑网损对水火电力系统节能运行的影响时要注意水电能源的清洁可再生性优势及地域分布特点、火电厂的耗量特性,以便实现电网网损、火电厂煤耗率和火电厂总燃料耗量间的最佳协调。

2.7 小 结

针对节能调度的现实背景和目前水火电源是电力系统中互补运行的重要形式,围绕着系统节能运行的目的,本章主要做了以下工作:

(1)从能量转换定律及水能做功原理出发,详细研究了影响水电站经济运行的因素及规律;对水电站的运行特性进行了分析,详细分析了弃水特性对梯级水电站影响,针对梯级水电站传统强迫弃水策略的不足,提出从局部和全局考虑的水电站有益弃水策略以挖掘水电站的发电潜力。

（2）针对火电机组分析了其耗燃料特性,并对机组的机动特性及制约因素进行了阐述,以便为优化调度指标模型的构建打下基础;定性地分析了电网的阻抗特性对水火电力系统节能运行的影响,在水火电力系统节能运行中需考虑网络的影响。

（3）从静态运行角度考虑分析了水火电力系统间的互动规律,以分析水电对火电节约燃料的影响规律;从动态运行角度分析了负荷分布特性对整个水火电力系统节能运行的影响,进一步验证了水火电源间的互动特性。

（4）定性分析了实现水火电力系统节能运行的策略,为建立合理的节能调度模型打下理论基础。

第3章 仿电磁学算法

3.1 引 言

　　最优化技术是运筹学的一个重要理论分支,是用来求解各类工程优化问题优化解的有效数学方法。利用最优化技术解决社会生产、生活中所面临的优化问题时,具有成本低、见效快、实现便捷等优点,因此一直是科研工作者的研究热点,其成果已经广泛应用于众多工程领域,如系统工程、模式识别、生产计划、车辆调度、管理决策等[117]。线性规划是在工程中应用最早的最优化方法,然而工程中大部分的优化问题都具有非线性特点,利用非线性规划求解将更具有合理性。以对非线性优化问题有效求解为目的的非线性规划方法得到了深入研究,如可行方向法、二次规划法、连续线性规划等,但这些算法难以应用到不可微、不连续、非凸性、多极点的优化问题求解中。然而在实际的生产生活中,如生产管理、环境污染管理、参数估计、大规模集成电路设计等所涉及的优化问题往往不具备凸性要求,有些问题甚至不具备连续性和可微性条件,因此,寻求具有全局收敛性的优化算法是科研工作者面临的一个重要挑战。

　　在过去几十年中,科研工作者围绕着优化问题的全局最优求解问题,取得的成果可分为确定型全局优化算法和随机型全局优化算法两类。确定型全局优化算法有分枝定界法、穷举法和松弛逼近法,主要用于具有离散变量问题的求解,当所求解问题规模较大、变量较多时存在程序实现复杂、求解效率不高的缺陷。随机型全局优化算法主要包括随机搜索算法和群体智能算法。随机搜索算法从理论上可找到优化问题的全局最优解,但其在寻优过程中缺少进化指导准则,存在求解效率不高的缺陷。群体智能算法,如模拟退火算法、遗传算法、粒子群优化算法等,除保留了随机型全局优化算法的全局收敛特性外,利用启发式规则可显著提高优化问题的求解效率。与确定型全局优化算法相比,群体智能算法还具有程序实现简单,无需梯度信息,不要求优化问题的连续性和可微性,可求解连续优化问题、离散优化问题等优点。因此,群体智能算法成为众多领域科研工作者关注和研究的热点。

　　水火电力系统优化调度问题固有的大规模、非凸、非线性特点,使得利用群体智能算法进行求解具有独特优势,因此研究基于群体智能的水火电力系统优化调度问题的快速求解方法具有重要的理论价值,目前已有很多这种类型的算法应用于该领域[93-102]。

仿电磁学算法(Electromagnetism – Like Mechanism,简称ELM)[118]是Bir-bil博士于2003年提出的一种新型群体智能算法,该算法是在模拟物理学中带电电荷间作用力的基础上而形成的一种随机全局优化算法,是一种多种群启发式算法,保留了其他群体智能算法对优化问题没有连续性、可微性、凸性要求的优点,同时与其他群体智能算法相比还具有一些突出的优点:

(1)仿电磁学算法主要是针对连续性优化问题而提出的,采用的是浮点数编码方法,对待优化问题无须空间变换和逆变换,与遗传算法等相比具有评价次数少、计算速度快等优点。

(2)仿电磁学算法中个体之间由于吸引排斥机制的存在,可以很好地实现个体间信息共享,同时利用个体间的排斥作用,能够近似模拟算法的下降方向,可保持种群个体的多样性,因此算法不易于陷入局部最优。

国内外学者已经对仿电磁学算法在布局优化[119]、车辆调度[120]、工程设计[121]、控制器优化[122]等领域的应用进行了一定的研究,但针对其在水火电力系统优化调度领域的应用研究还不多见。本章以分析仿电磁学算法的物理学依据为基本出发点,阐述其对优化问题求解的一般理论框架;分析经典仿电磁学算法的运行机制及影响其优化性能的因素;针对其不足探究仿电磁学算法改进的措施,提出适合于求解大规模变量的仿电磁学算法,为求解具有大规模非线性特点的水火电力系统优化调度问题打下理论基础。

3.2 基本仿电磁学算法

3.2.1 算法物理学依据

电学是物理学中重要的基础学科,真正成为一门定量的科学是人类从电荷间相互作用机制的研究和认识开始的。经研究发现,世界上只存在正电荷和负电荷两种不同性质的电荷,其周围存在着一种称为电场的特殊物质。电场的存在可以对放入的静止电荷产生力的作用,不同性质的电荷通过电场的作用产生相互间吸引力,而同种性质的电荷通过电场的作用产生相互间排斥力,在恒定电场力的作用下电荷将产生定向的移动。

电荷间通过电场而产生的相互间作用力的大小与哪些因素有关? 其作用

规律是什么？1785年法国物理学家库仑在其研究的基础上,指出电荷间作用力的大小和电荷所带电荷量及电荷间距离有关,其影响规律为:在惯性系中,真空中两静止点电荷间的相互作用力与两电荷所带电荷量的乘积成正比,与它们之间距离的平方成反比,作用力的方向沿着这两点电荷的连线[123],在电磁学中称为超距离作用原理[124]。

图3.2-1为电荷间超距离作用力原理。假定电荷 i、j、k 性质相同,$F_{k,i}$、$F_{k,j}$ 分别为电荷 i、j 对电荷 k 的作用力;$F_{k,i,j}$ 为电荷 i、j 对电荷 k 的总作用力;$d_{i,k}$、$d_{j,k}$ 分别为电荷 i、j 与电荷 k 的距离;α、β 分别为 $F_{k,i}$、$F_{k,j}$ 与 $F_{k,i,j}$ 的夹角;ε_0 为真空介电常数;q_i、q_j、q_k 分别为电荷 i、j、k 具有的电荷量,则 $F_{k,i}$、$F_{k,j}$,$F_{k,i,j}$ 分别为

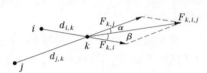

图3.2-1 电荷间超距离作用力原理

$$F_{k,i} = \frac{q_i q_k}{4\pi\varepsilon_0 d_{i,k}^2} \tag{3-1}$$

$$F_{k,j} = \frac{q_j q_k}{4\pi\varepsilon_0 d_{j,k}^2} \tag{3-2}$$

$$F_{k,i,j} = \vec{F}_{k,i} + \vec{F}_{k,j} = \frac{q_i q_k}{4\pi\varepsilon_0 d_{i,k}^2}\cos\alpha + \frac{q_j q_k}{4\pi\varepsilon_0 d_{j,k}^2}\cos\beta \tag{3-3}$$

由于电荷 i、j、k 性质相同,电荷 i、j 对电荷 k 的作用力 $F_{k,i}$、$F_{k,j}$ 为排斥力,它们对电荷 k 的总合力 $F_{k,i,j}$ 也为排斥力,在其作用下电荷 k 将沿着合力的方向运动。

Birbil 博士所提出的仿电磁学算法就是模拟电荷间作用力及其运动特性而形成的新型群体智能算法,其基本原理是:将种群中的每个个体看作一个带电电荷,其电荷的多少由其个体所对应的目标函数值确定;利用电荷模拟个体间吸引力和排斥力的大小;计算出各个体所受其他个体作用力的合力,并沿合力方向或反方向前进产生新一代种群。

3.2.2 算法理论框架

至今,基于行为主义的群体智能算法已经有很多种,如遗传算法、演化计算、蚁群算法、粒子群算法等,仿电磁学算法是一种新型的基于行为主义的群

体智能算法。由图 3.2-2 可看出,尽管仿电磁学算法与群体智能算法的生物学依据不同,但它们算法的基本框架具有一致性,核心步骤包括原问题空间的变换、初始种群生成、算法空间搜索和算法终止准则四部分,可采用"种群生成 + 进化策略"的结构进行表示。

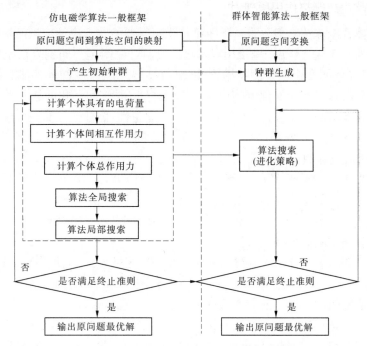

图 3.2-2 仿电磁学算法的理论框架

根据图 3.2-2 可知,仿电磁学算法基本框架求解优化问题的基本步骤为:

(1)针对算法空间利用载波方法产生满足两界约束条件的初始种群,种群产生时可采用完全随机产生的方法或基于知识的随机产生方法。

(2)对产生种群中的个体进行局部搜索,以保证算法在小范围内进一步优化,局部搜索算法可采用无梯度坐标搜索方法。

(3)对种群进行全局搜索,以保证算法在可行域范围内的全局收敛性,其全局搜索算法是针对个体通过模拟相互间吸引力和排斥力实现的。

(4)产生新的种群并判断算法是否满足终止准则。

3.2.3 算法核心步骤实现策略[125]

两界约束的全局优化问题可描述为式(3-4)的形式:

$$\begin{cases} \min f(\pmb{x}) \\ \pmb{x} \in \mathbf{OS} \triangleq \{\pmb{x} \in R^n \mid \pmb{l} \le \pmb{x} \le \pmb{u} \quad \pmb{l}, \pmb{u} \in R^n\} \end{cases} \quad (3\text{-}4)$$

式中:$\pmb{x}$、$\pmb{u}$、$\pmb{l}$ 分别为待优化问题的自变量及其上下界;n 为向量 $\pmb{x}$ 的维数。

下面详细阐述利用仿电磁算法对其进行求解的核心策略实现方法。

3.2.3.1 原问题空间变换

群体智能算法一般不直接作用于待优化问题的实际决策变量而是某种智能载体如遗传算法作用于基因串,因此需要通过原问题空间到算法空间的变换[126]。在空间变换中要满足等价性,只有这样才能够使群体智能算法的最优解和原问题空间的最优解相对应,是成功求解原空间优化问题的关键。要满足空间变换的等价性,需要满足变换间的完备性、健壮性和非冗余性三个准则[127]。**OS** 表示原问题空间,**AS** 表示算法空间,**T** 表示空间映射,则完备性、健壮性和非冗余性可定义为:

定义 3-1:若对于 $\forall \pmb{x} \in \mathbf{OS}$,则 $\exists \pmb{y} \in \mathbf{AS}$,使得 $\pmb{y} = \mathbf{T}(\pmb{x})$,则称原问题空间到算法空间的变换具有完备性。

定义 3-2:若对于 $\forall \pmb{y} \in \mathbf{AS}$,则 $\exists \pmb{x} \in \mathbf{OS}$,使得 $\pmb{x} = \mathbf{T}^{-1}(\pmb{y})$,则称原问题空间到算法空间的变换具有健壮性。

定义 3-3:若对于 $\forall \pmb{x} \in \mathbf{OS}$,则仅存在一个变量 $\pmb{y} \in \mathbf{AS}$,使得 $\pmb{y} = \mathbf{T}(\pmb{x})$ 成立,对于 $\forall \pmb{y} \in \mathbf{AS}$,仅存在一个变量 $\pmb{x} \in \mathbf{OS}$,使得 $\pmb{x} = \mathbf{T}^{-1}(\pmb{y})$,则称原问题空间到算法空间的变换具有非冗余性。

仿电磁学算法在求解优化问题时,采用的是十进制浮点数编码,算法空间即是原问题空间。因此,仿电磁学算法完全满足原问题空间变换的完备性、健壮性和非冗余性准则,算法最优解即是原问题最优解,无须对优化结果采用逆变换,这是仿电磁学算法在求解优化问题时的其中一个优势。

3.2.3.2 初始种群的产生

仿电磁学算法作为新型群体智能算法对优化问题的求解开始于多个起点,当开始无法估计优化问题最优解空间的粗略分布时,初始种群的产生一般采用等概率事件的方式。假定将原问题空间 **OS** 均分为 n 个相等的子空间,Pos 为事件发生的概率,则初始种群等概率事件产生方法特点可以描述为

$$Pos(\pmb{x} \in \mathbf{OS}_1) = Pos(\pmb{x} \in \mathbf{OS}_2) = , \cdots, = Pos(\pmb{x} \in \mathbf{OS}_n) \, \forall \pmb{x} \in \mathbf{OS}$$
$$(3\text{-}5)$$

基本仿电磁学算法初始种群的产生采用的是等概率事件方法,对于群体智能算法该方法具有通用性,优点在于可实现对原问题空间的充分搜索,有利于找到全局最优解,但由于其没有考虑最优解粗略的范围,扩大了算法的搜索

空间,将降低算法的求解效率。在实际中若可粗略估计最优解的大致范围,并在初始种群产生中体现出来,则有利于算法求解效率的提高。

3.2.3.3 种群个体电荷量计算

种群个体电荷量模拟是算法全局搜索策略的基础。与真实电荷不同,种群个体本身并不具有电荷,需要对其电荷值进行模拟。对待优化问题求解时,种群个体对应的目标函数值越好,其生命力就越强,越容易在算法进化过程中生存下来。因此,个体所具有的电荷量大小可与自身对应目标函数值关联起来,目标函数值越优,其自身所具有的电荷量就越大;相反,就越小。仿电磁学算法中,个体所具有电荷量的计算公式为

$$q_{c,i} = \exp\left\{ -n \frac{f(\pmb{x}_i) - f(\pmb{x}_{\text{best}})}{\sum\limits_{j=1}^{m} [f(\pmb{x}_j) - f(\pmb{x}_{\text{best}})]} \right\} \quad \forall i \tag{3-6}$$

式中:$\exp(\cdot)$为指数函数;$\pmb{x}_i$为种群中第 i 个个体;$\pmb{x}_{\text{best}}$为种群中目标函数值最优的个体;m 为种群规模;$q_{c,i}$为第 i 个个体所具有的电荷量;n 为待优化问题的维数,其引入的目的是避免求解高维优化问题时因指数幂值太小而产生的计算溢出问题。

待优化问题式(3-4)寻求的是目标函数的最小值,因此 $q_{c,i}$ 的最大值为1,最小值趋近于0,且目标函数值越小,种群个体所具有的电荷量 $q_{c,i}$ 就越大。

3.2.3.4 种群个体受力计算

作为群体智能算法,若能够很好地实现个体间的信息共享,则有利于算法寻求到待优化问题的全局最优解。仿电磁学算法中的种群个体受力计算是实现个体间信息共享的核心步骤,它是在个体电荷量计算的基础上,通过模拟个体间吸引或排斥作用而实现个体间相互的联系。经典仿电磁学算法的个体间相互作用力模拟的机制是好的个体吸引差的个体,而差的个体排斥好的个体。下面利用图 3.2-3 来说明仿电磁学算法中吸引排斥机制的实现方法。

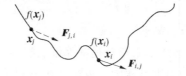

图 3.2-3 种群个体间吸引排斥机制

在图 3.2-3 中,种群个体 $\pmb{x}_i$ 的目标函数 $f(\pmb{x}_i)$ 优于种群个体 $\pmb{x}_j$ 的目标函数 $f(\pmb{x}_j)$,在仿电磁学算法中为促进当前解向更好的解移动,因此希望种群个体

x_j 在 x_i 作用力 $F_{j,i}$ 的作用下向 x_i 的方向移动,种群个体 x_i 在 x_j 作用力 $F_{i,j}$ 的作用下向 x_j 指向种群个体 x_i 的方向移动。种群个体 x_i 对 x_j 的作用力为吸引力,而种群个体 x_j 对 x_i 的作用力为排斥力。根据矢量方向的计算方法,种群个体 x_i 对 x_j 的吸引力方向 $F_{j,i}$ 可表示为 $x_i - x_j$,种群个体 x_j 对 x_i 的排斥力方向 $F_{i,j}$ 可表示为 $-(x_j - x_i)$。很显然,在种群个体间力的相互作用下,种群个体将向着更优的解移动。

在仿电磁学算法中除要模拟种群个体间作用力方向外,还要确定相互间作用力的大小。根据真实电荷间作用力与带电粒子电荷量的乘积成正比与粒子间距离的平方成反比作用规律,则在考虑种群个体作用力方向时的相互间作用力计算公式为

$$
F_{i,j} = \begin{cases} (x_j - x_i) \dfrac{q_{c,i}q_{c,j}}{\| x_j - x_i \|^2} & f(x_j) < f(x_i) \quad (3\text{-}7\text{-}1) \\[2mm] & \forall i,j, i \neq j \\[2mm] (x_i - x_j) \dfrac{q_{c,i}q_{c,j}}{\| x_j - x_i \|^2} & f(x_j) \geq f(x_i) \quad (3\text{-}7\text{-}2) \end{cases}
$$

$$(3\text{-}7)$$

式中:$F_{i,j}$ 为种群个体 j 对个体 i 的作用力,式(3-7-1)、式(3-7-2)分别为种群个体 j 对个体 i 的吸引力和排斥力;$\| \cdot \|$ 为向量范数,表示种群个体间的距离。

根据种群个体间相互作用力公式(3-7),通过叠加计算则可确定其他种群个体对其总作用力的大小及性质。种群个体 x_i 所受总作用力 F_i 的计算公式为

$$
F_i = \sum_{j \neq i}^{m} \begin{cases} (x_j - x_i) \dfrac{q_{c,i}q_{c,j}}{\| x_j - x_i \|^2} & f(x_j) < f(x_i) \\[2mm] (x_i - x_j) \dfrac{q_{c,i}q_{c,j}}{\| x_j - x_i \|^2} & f(x_j) \geq f(x_i) \end{cases} \quad \forall i,j \quad (3\text{-}8)
$$

3.2.3.5 算法的全局搜索策略

本书中算法的全局搜索策略指的是在保证反映种群个体间信息共享情况下,能够在全可行域范围内进行搜索的策略。在仿电磁学算法中,全局搜索策略的基础是种群个体所受总作用力和优化问题的边界条件。

在全局搜索策略时考虑种群个体所受总作用力的目的是保证算法能够向最优解方向移动,而利用边界条件的目的则是保证算法在可行域内进行搜索。s 为 0~1 的随机数,在考虑随机搜索步长时的算法全局搜索公式为

$$\bar{x}_i = x_i + s \frac{F_i}{\|F_i\|} R_{NG} \qquad \forall i \qquad (3\text{-}9)$$

$$R_{NG} = \begin{cases} u - x_i & F_i > 0 \\ x_i - l & F_i \leq 0 \end{cases} \qquad (3\text{-}10)$$

很显然,仿电磁学算法的全局搜索策略能够反映种群间信息共享情况。下面说明算法能够在全可行域范围内进行最优解的搜索。

定义 3-4:对于两界约束优化问题的种群个体 $\forall x_i \in OS$,利用群体智能算法进行搜索时,若映射 T 能使得 $T(x_i)$ 可取可行域空间 OS 内的任一值,则称映射 T 为全局映射,群体智能算法对应的搜索策略为全局搜索策略。

对于已知种群个体 x_i,其所受的总作用力为 F_i,下面从两种极限情况来分析其全局搜索能力。

若 $F_i > 0$,则 $\bar{x}_i = x_i + s \frac{F_i}{\|F_i\|}(u - x_i)$。

因为,$0 \leq \left\| s \frac{F_i}{\|F_i\|} \right\| = \|s\| \left\| \frac{F_i}{\|F_i\|} \right\| = \|s\| \leq 1$ 且 $F_i > 0$,

所以,$\bar{x}_i \in [\bar{x}_i, u]$,且可取其范围内的任一值。

若 $F_i < 0$,则 $\bar{x}_i = x_i + s \frac{F_i}{\|F_i\|}(x_i - l)$。

因为,$0 \leq \left\| s \frac{F_i}{\|F_i\|} \right\| = \|s\| \left\| \frac{F_i}{\|F_i\|} \right\| = \|s\| \leq 1$ 且 $F_i < 0$,

所以,$\bar{x}_i \in [l, \bar{x}_i]$,且可取其范围内的任一值。

因 F_i 具有一定的随机性,在其迭代过程中其值将出现正负交替的现象,所以式(3-9)可反复实现在 $[l, u]$ 范围内的搜索。

仿电磁学算法就是利用上述大范围内搜索策略实现在可行域空间的搜索,其优势在于不仅可保证算法空间的完整性,由于随机因素的引入还可保证算法种群个体的多样性,且充分利用种群个体间信息的共享,可促进算法沿最优解方向移动。

3.2.3.6 算法的局部搜索策略

算法的全局搜索策略的大范围搜索特性,使得其在最优解附近将会出现进化速度慢,难以收敛到全局最优解的缺陷,因此需要引入局部搜索策略,改善算法的收敛性能。在经典仿电磁学算法中采用的是对所有种群个体 $x_i = [x_{i,1}, x_{i,2}, \cdots, x_{i,n}]$ 的各分量进行坐标搜索,其搜索过程如下:

(1)利用 $[0,1]$ 的均匀随机数确定随机搜索步长 λ。

（2）若 $\lambda > 0.5, y_{i,k} = x_{i,k} + \lambda(u_k - x_{i,k})$；若 $\lambda \leqslant 0.5, y_{i,k} = x_{i,k} - \lambda(x_{i,k} - l_k)$。

（3）从 $(x_{i,k}, y_{i,k})$ 中选取目标函数值较小的粒子作为新的种群个体。

上述步骤反复应用，直到对 x_i 中的所有分量搜索完毕。上述局部搜索策略虽然能够显著提高算法的收敛精度，但是对于大规模优化问题，当种群个数确定时随变量个数的增加呈现指数的增长。因此，需要研究适合于大规模优化问题时的局部搜索策略。

3.3 仿电磁学算法运行机制分析

3.3.1 算法搜索策略分析

在仿电磁学算法中，种群个体的受力计算是算法的核心，它反映了个体间的信息交流与共享。仿电磁学算法的全局搜索策略正是由于融合了种群个体间相互作用的信息，才使得该算法在求解效率上比遗传算法等群体智能算法更好，其根本原因是什么？常规优化算法比群体智能算法求解的效率高的原因是什么？仿电磁学算法全局搜索策略与常规优化算法之间存在怎样的联系？

群体智能算法如遗传算法等在寻优过程中通过随机搜索的途径对种群个体进行反复的实验、判定及回馈实现算法的进化优化，由于没有利用梯度信息或一种有效的准则，使得算法存在较多冗余搜索的情况，可能使算法在较长时间内无法找到目标函数值更好的寻优方向。常规优化算法则不同，它可以通过梯度信息或利用某种准则使算法始终沿着目标函数值更好的方向移动，这也是比群体智能算法求解效率高的根本原因。假若在群体智能算法中能够融合自身的随机全局搜索优势及常规优化算法的高效搜索优势，则可显著改善自身的寻优性能。

仿电磁学算法的受力计算与全局搜索策略中利用了种群个体目标函数及决策变量的信息，其利用目标函数的本质是确定种群个体间优劣程度，而利用决策变量间的信息确定算法的寻优方向。下面来说明由决策变量间的信息所确定的仿电磁学算法的寻优方向为近似下降方向。

定义 3-5[128]：对于 $\forall x_k, p_k$，若 $\exists \bar{\alpha} > 0$，使得 $\forall \alpha \in (0, \bar{\alpha})$ 有 $f(x_k + \alpha p_k) < f(x_k)$，则称 p_k 为函数 $f(x)$ 在 x_k 处的一个下降方向。

定义 3-6：对于 $\forall x_k, p_k$，若 $\exists \bar{\alpha} > 0$，使得 $\exists \alpha \in (0, \bar{\alpha})$ 有 $f(x_k + \alpha p_k) < f(x_k)$，则称 p_k 为函数 $f(x)$ 在 x_k 处的一个广义下降方向。

假定在式(3-4)中目标函数具有凸性特点,在仿电磁学算法中,由决策信息确定的寻优方向为式(3-8)。若种群个体 x_j 的目标函数值 $f(x_j) < f(x_i)$,则很显然 $\exists \alpha \in (0,1)$ 时有 $f(x_i + \alpha(x_j - x_i)) < f(x_i)$ 成立;若种群个体 x_j 的目标函数值 $f(x_j) > f(x_i)$,则很显然 $\exists \alpha \in (0,1)$ 时有 $f(x_j + \alpha(x_i - x_j)) < f(x_i)$ 成立。利用式(3-7)很显然以下条件成立:

$$
\begin{cases}
f\left(x_i + \alpha(x_j - x_i)\dfrac{q_{c,i}q_{c,j}}{\|x_j - x_i\|^2}\right) < f(x_i) & \alpha \in \left[0, \dfrac{\|x_j - x_i\|^2}{q_{c,i}q_{c,j}}\right], f(x_j) < f(x_i) \\
f\left(x_j + \alpha(x_i - x_j)\dfrac{q_{c,i}q_{c,j}}{\|x_j - x_i\|^2}\right) < f(x_j) & \alpha \in \left[0, \dfrac{\|x_j - x_i\|^2}{q_{c,i}q_{c,j}}\right], f(x_j) > f(x_i)
\end{cases}
$$

$$\tag{3-11}$$

因此,由式(3-7)所确定的寻优方向为下降方向,而由所有个体相互间所确定的下降方向的组合必存在任一 $\alpha \in (0, \bar{\alpha})$ 使得 $f(\overline{x_i}) < f(x_i)$ 成立,由式(3-8)确定的寻优方向为仿电磁学算法的下降方向。若式(3-4)中目标函数具有非凸性特点,利用式(3-8)确定的寻优方向将存在 $\alpha \in (0, \bar{\alpha})$ 使得 $f(\overline{x_i}) < f(x_i)$ 成立,这时其为广义下降方向。在式(3-9)中,$\dfrac{sR_{NG}}{\|F_i\|}$ 为仿电磁学算法确定的搜索步长,其中 s 为 $0 \sim 1$ 的随机矩阵,由于这种随机性的存在,有利于算法找到全局最优解。

由此可以看出,仿电磁学算法的全局搜索策略为向更好优化解的移动提供了一个下降搜索方向的同时,并利用引入的随机扰动因素促进算法在全局范围内寻求最优解,同时融合了随机全局优化算法和经典优化算法的优点,因此与遗传算法等相比在寻优过程中具有更高的搜索效率。

3.3.2　算法计算性能分析

Birbil[125]将常用的数学测试函数和其他算法的求解性能进行比较,表明仿电磁学算法具有较少的评价次数和较好的收敛性能。实际上导致算法总的评价次数少的根本原因在于仿电磁学算法采用吸引排斥机制后,通过下降方向可促进优化目标函数值在每一次迭代中有较大的改善,使算法总的迭代次数减少。但是在每一次迭代中,仿电磁学算法为计算种群个体间相互作用力及进行局部搜索等操作,对优化问题的评价次数仍然较多。下面通过基本仿电磁学算法的伪代码来分析在一次迭代中算法的计算量。

(1)种群个体电荷量计算。

for $i = 1$ to m

$$q_{c,i} \leftarrow \exp\left\{-n\,\frac{f(\pmb{x}_i) - f(\pmb{x}_{\text{best}})}{\sum\limits_{j=1}^{m} [f(\pmb{x}_j) - f(\pmb{x}_{\text{best}})]}\right\}$$

end for

（2）种群个体受力计算。

for $i = 1$ to m

for $j = 1$ to m

if $f(\pmb{x}_j) < f(\pmb{x}_i)$ then

$$\pmb{F}_i \leftarrow \pmb{F}_i + (\pmb{x}_j - \pmb{x}_i)\,\frac{q_{c,i}q_{c,j}}{\|\pmb{x}_j - \pmb{x}_i\|^2} \quad \{\text{Attraction}\}$$

else

$$\pmb{F}_i \leftarrow \pmb{F}_i - (\pmb{x}_j - \pmb{x}_i)\,\frac{q_{c,i}q_{c,j}}{\|\pmb{x}_j - \pmb{x}_i\|^2} \quad \{\text{Repulsion}\}$$

end if

end for

end for

（3）算法的全局搜索策略。

for $i = 1$ to m

if $i \neq \text{best}$ then

$$s = \text{rand}(1,1)$$

$$\pmb{F}_i \leftarrow \frac{\pmb{F}_i}{\|\pmb{F}_i\|}$$

if $\pmb{F}_i > 0$ then

$$\bar{\pmb{x}}_i \leftarrow \pmb{x}_i + s\,\frac{\pmb{F}}{\|\pmb{F}_i\|}(\pmb{u} - \pmb{x}_i)$$

else

$$\bar{\pmb{x}}_i \leftarrow \pmb{x}_i + s\,\frac{\pmb{F}}{\|\pmb{F}_i\|}(\pmb{x}_i - \pmb{l})$$

end if

if $f(\bar{x}_i) < f(x_i)$ then

$$x_i \leftarrow \bar{x}_i$$

end if

end if

end for

(4)算法的局部搜索策略。

$counter \leftarrow 1$

$Length \leftarrow \max(u_k - l_k)$

for $i = 1$ to m

for $k = 1$ to n

$s = \text{rand}(1,1)$

while $counter < Iteration$

$$F_i \leftarrow \frac{F_i}{\| F_i \|}$$

$$\bar{x}_i \leftarrow x_i$$

$s = \text{rand}(1,1)$

if $s > 0.5$ then

$$\bar{x}_i \leftarrow x_i + s \times Length$$

else

$$\bar{x}_i \leftarrow x_i - s \times Length$$

end if

if $f(\bar{x}_i) < f(x_i)$ then

$$x_i \leftarrow \bar{x}_i$$

end if

$$counter \leftarrow counter + 1$$

end while

end for

end for

根据上述仿电磁学算法的伪代码指令分析可知,在每次迭代计算中需要进行 m 次的种群个体电荷量计算,m 次的全局搜索策略,m^2 次的种群个体受力计算,$2m + m \times n \times s$ 次的目标函数值计算。由此可以看出,在一次迭代中仿电磁学算法的计算量非常大,其难以应用于对大规模优化问题的求解。

进一步分析可以看出,仿电磁学算法计算量增加主要集中在种群个体受力计算及局部搜索策略中。在种群受力计算中所需的计算量与种群个体的平方成正比,局部搜索策略的计算量与变量及种群个体的乘积成正比。若能减少这两部分的计算量,将可显著提高算法的计算效率。Birbil 博士通过仿真分析比较对所有种群个体进行局部搜索和仅对当前代最优个体进行局部搜索情况下算法收敛情况,表明两种情况下的算法收敛情况相近,因此进行局部搜索策略时可仅对当前最优种群个体进行局部搜索,与原局部搜索策略相比可节约 $(m-1) \times n \times s$ 倍的计算量。尽管如此局部搜索算法的计算量仍然和变量个数的多少有关,随着优化问题变量个数的增加,其计算量将会显著增大,对于求解大规模的优化问题,算法仍将需要进一步改进。

3.4 仿电磁学算法的改进

3.4.1 算法的改进策略

仿电磁学算法固有的结构及运行机制影响了算法的优化效率,在此暂不考虑与其他人工智能算法的融合机制,在保证算法良好收敛性及提高算法优化问题求解效率的前提下,主要从种群个体电荷量计算、受力计算、算法全局搜索策略及局部搜索策略等方面研究其改进措施。

3.4.1.1 种群个体电荷量计算的改进策略

Birbil 博士为避免在求解高维优化问题时算法的计算溢出问题,在电荷值计算公式中引入乘子 n,然而通过对高维优化问题的仿真发现,算法仍然存在计算溢出的缺陷,原因有两个:①优化问题中存在较多的自由变量,容易导致目标函数值的趋同性,从而导致计算溢出;②在算法进化后期,最差目标函数值和最优目标函数值较接近,导致种群个体目标函数值的趋同性,从而造成算法计算溢出。上述两种导致算法计算溢出的本质是使式(3-6)指数幂函数的分母趋近于零。

根据仿电磁学算法理论框架的分析可知,在进行种群个体具有电荷量的模拟时,要遵循两个原则:①种群个体所具有的电荷量的大小和目标函数值相关联,目标函数值越优,所具有的电荷量值就越大,否则就越小;②为保证后续计算在两界约束范围内,种群个体所具有的电荷量值需要在 $0 \sim 1$ 范围内。在上述准则下同时考虑避免算法计算溢出时的种群个体改进电荷量计算公式为

$$q_{c,i} = \begin{cases} \exp\left\{ - \dfrac{(f(\boldsymbol{x}_i) - f(\boldsymbol{x}_{\mathrm{best}}))}{(|f(\boldsymbol{x}_{\mathrm{worst}})| + |f(\boldsymbol{x}_{\mathrm{best}})|)/2} \right\} & |f(\boldsymbol{x}_{\mathrm{worst}})| + |f(\boldsymbol{x}_{\mathrm{best}})| \neq 0 \\ 1 & |f(\boldsymbol{x}_{\mathrm{worst}})| + |f(\boldsymbol{x}_{\mathrm{best}})| = 0 \end{cases} \forall i$$

$$(3\text{-}12)$$

通过分析式(3-12)很容易得出满足上述两条准则的结论,同时可避免基本电荷量计算溢出的问题。

3.4.1.2　种群个体受力计算的改进策略

基本仿电磁学算法在进行种群个体受力计算时,随个体数目的增加将会显著增加自身的计算量,需要在保证良好收敛性能的前提下,研究减少算法计算量的途径。从其运行机制可以看出,受力计算的本质就是通过模拟个体间吸引或排斥机制来寻求算法搜索的下降方向,以促进算法最大程度上沿目标函数值更优的方向移动。假定可以在保证算法下降搜索方向的前提下,减少个体相互间作用力的计算次数将可显著改善算法的计算性能。

基本仿电磁学算法中寻优的原则是好解吸引差解、差解排斥好解。无论是哪个原则,其基本作用都是促进个体向目标函数值下降的方向移动。在受力计算分析中,只要对种群个体采用好解吸引差解或差解排斥好解单一原则,则可有效确定算法的下降方向,并可显著减少算法的计算量,有利于算法用于求解高维优化问题。

种群个体受力计算策略的改进方法为:①对于当前代非最佳种群个体采用好解吸引差解的方法确定其他种群个体对其总作用力;②对于当前代最佳种群个体采用差解排斥好解的方法确定其他种群个体对其总作用力。改进后的种群个体受力计算公式为

$$F_i = \sum_{j \neq i}^{m} \begin{cases} (x_j - x_i) \dfrac{q_{c,i}q_{c,j}}{\| x_j - x_i \|^2} & f(x_j) < f(x_i), f(x_i) \neq f(x_{\text{best}}) \\[3mm] (x_i - x_j) \dfrac{q_{c,i}q_{c,j}}{\| x_j - x_i \|^2} & f(x_j) \geqslant f(x_i), f(x_i) = f(x_{\text{best}}) \end{cases} \quad \forall i,j$$

(3-13)

3.4.1.3 改进的算法全局搜索策略

基本仿电磁学算法的全局搜索策略,能够保证在可行域内进行大范围搜索,但实际经验表明,算法搜索空间较大,将会降低算法的计算效率。若能够在保证搜索空间不缺失的情况下,减少算法搜索空间的范围,则可显著提高算法的搜索效率。在群体智能算法中,采用随机扰动策略是一种可有效提高算法求解效率和收敛精度的途径,但随机扰动的引入不能够让算法空间缩减太小,否则容易使算法陷入局部最优。融入随机扰动因素的改进全局搜索策略的计算公式为

$$\bar{x}_i = \begin{cases} x_i + s \dfrac{F_i}{\| F_i \|} R_{\text{NG}} & \text{rand}(1,1) \leqslant P_{\text{S}} \\[3mm] x_i + \eta \times (1 + \text{rand}(1,1) \times s \times \dfrac{F_i}{\| F_i \|} R_{\text{NG}} \end{cases} \quad \forall i \quad (3-14)$$

式中:P_{S} 为策略选择概率;η 为避免算法搜索范围过小而引入的常数,且 $\eta \in (0,1)$,为保证搜索空间不至于缩减太小,η 取值一般大于 0.5;$\text{rand}(1,1)$ 为 0 ~ 1 间的随机数。

式(3-14)保证算法以一定的概率 P_{S} 在可行域内进行大范围搜索,同时以 $1 - P_{\text{S}}$ 的概率对算法的搜索空间进行随机扰动,使算法在缩减的空间中进行寻优,促进算法寻优效率的提高。

3.4.1.4 算法局部搜索的改进策略

基本仿电磁学算法由于需要对种群个体的每一维变量进行坐标搜索,占用了算法的大量时间,若只对种群个体部分变量进行局部搜索,将可显著提高搜索策略的效率。首先利用概率的随机选择策略,确定需要进行局部搜索的个体及其对应变量,然后通过突变策略实现算法的局部搜索,具体的计算公式为

$$x_{i|\text{rand}(n,1) \leqslant P_{\text{PS}}} = l_{|\text{rand}(n,1) \leqslant P_{\text{PS}}} + \text{rand}(n,1)_{|\text{rand}(n,1) \leqslant P_{\text{PS}}} \times$$
$$(u - l)_{|\text{rand}(n,1) \leqslant P_{\text{PS}}} \quad P(x_i) \leqslant P_{\text{IS}} \quad (3-15)$$

式中:P_{IS} 为局部搜索策略的个体选择概率;P_{PS} 为种群个体变量突变位置的

选择概率；$P(\boldsymbol{x}_i)$ 为种群个体 $\boldsymbol{x}_i$ 对应的 $0 \sim 1$ 间的随机数；$\mathrm{rand}(n,1)$ 为 $n \times 1$ 均匀分布随机矩阵。

利用式(3-15)进行的局部搜索策略，很显然无须对个体对应的全部变量进行局部搜索，同时采用概率的随机选择策略，可保证算法的良好收敛性。由于在计算公式中引入了两界约束条件，可保证新的种群个体在可行域范围内，因此改进后的局部搜索策略具有明显优越性。

3.4.2 改进算法的计算性能分析

3.4.2.1 改进算法的计算量分析

算法计算量是影响其计算性能的重要因素。下面利用改进仿电磁学算法的伪代码程序来详细分析其减少计算量方面的优势。根据改进前后种群个体电荷量和全局搜索策略的计算公式表明其理论计算量基本相同，主要分析改进算法在受力计算和局部搜索策略方面的理论计算量。

(1)种群个体受力计算。

for $i = 1$ to m

 for $j = 1$ to m

  if $f(\boldsymbol{x}_j) < f(\boldsymbol{x}_i)$,$f(\boldsymbol{x}_i) \neq f(\boldsymbol{x}_{\mathrm{best}})$ then

$$\boldsymbol{F}_i \leftarrow \boldsymbol{F}_i + (\boldsymbol{x}_j - \boldsymbol{x}_i) \frac{q_{\mathrm{c},i} q_{\mathrm{c},j}}{\| \boldsymbol{x}_j - \boldsymbol{x}_i \|^2} \ \{ \mathrm{Attraction} \}$$

  else if $f(\boldsymbol{x}_j) \geqslant f(\boldsymbol{x}_i)$,$f(\boldsymbol{x}_i) = f(\boldsymbol{x}_{\mathrm{best}})$

$$\boldsymbol{F}_i \leftarrow \boldsymbol{F}_i + (\boldsymbol{x}_i - \boldsymbol{x}_j) \frac{q_{\mathrm{c},i} q_{\mathrm{c},j}}{\| \boldsymbol{x}_j - \boldsymbol{x}_i \|^2} \ \{ \mathrm{Repulsion} \}$$

  end if

 end for

end for

(2)算法的局部搜索策略。

for $i = 1$ to m

 if $\boldsymbol{P}(\boldsymbol{x}_i) \leqslant \boldsymbol{P}_{\mathrm{ISEL}}$

$$\boldsymbol{x}_{i|\mathrm{rand}(n,1) \leqslant P_{\mathrm{PS}}} = \boldsymbol{l}_{|\mathrm{rand}(n,1) \leqslant P_{\mathrm{PS}}} + \mathrm{rand}(n,1)_{|\mathrm{rand}(n,1) \leqslant P_{\mathrm{PS}}} \times (\boldsymbol{u} - \boldsymbol{l})_{|\mathrm{rand}(n,1) \leqslant P_{\mathrm{PS}}}$$

$$\text{if } f(\boldsymbol{x}_{i\;|\,\mathrm{rand}(n,1)\leqslant P_{\mathrm{PS}}}) < f(\boldsymbol{x}_i)$$

$$\boldsymbol{x}_i \leftarrow \boldsymbol{x}_{i\;|\,\mathrm{rand}(n,1)\leqslant P_{\mathrm{PS}}}$$

$$f(\boldsymbol{x}_i) \leftarrow f(\boldsymbol{x}_{i\;|\,\mathrm{rand}(n,1)\leqslant P_{\mathrm{PS}}})$$

    end if

   end if

  end for

  根据上述改进仿电磁学算法的伪代码指令分析可知,在每次迭代计算中需要进行 $m(m+1)/2$ 次的种群个体受力计算,最多 m 次的局部搜索计算,在局部搜索中每次迭代最多需要 m 次的目标函数评价。改进算法在个体受力计算和局部搜索策略中的总计算量为 $m(m+3)/2$,与基本算法相比显著节约了计算量,并且总计算量和待优化问题的变量个数无关,只和种群个体数目有关,比较适合于求解大规模的非线性优化问题。

3.4.2.2 改进算法的性能分析

1. 评价指标分析

评价群体智能算法优越性的通用指标一般包括优化性能指标、时间性能指标和鲁棒性指标[129],在本书中为验证改进仿电磁学算法的优越性,还增加算法溢出评价指标。

1) 溢出性指标

根据理论分析,基本仿电磁学算法在求解含有自由变量的优化问题时或在算法进化后期容易出现计算溢出而使优化无法继续的情况。在本书中算法的溢出性指标就是分析基本仿电磁学算法和改进算法对具有自由变量优化问题的溢出敏感性而设定的指标,并不具有通用性。

2) 优化性能指标

在群体智能算法中一般采用相对误差 E_{m} 作为评价算法优化性能指标。$f_k(\boldsymbol{x}_{\mathrm{best}})$ 为算法第 k 次优化计算的目标函数值,$f(\boldsymbol{x}_{\mathrm{Global}})$ 为优化问题的理论全局最优解,则在线相对误差性能指标的数学公式可表示为

$$E_{\mathrm{m}} = \frac{f_k(\boldsymbol{x}_{\mathrm{best}}) - f(\boldsymbol{x}_{\mathrm{Global}})}{f(\boldsymbol{x}_{\mathrm{Global}})} \times 100\% \tag{3-16}$$

3) 时间性能指标

时间性能指标 E_{s} 主要衡量算法对问题解的搜索效率,其值越小算法的搜

索效率就越高。I_{max} 表示算法的最大迭代步数，T_0 为算法一次迭代的平均时间，I_a 为多次优化计算满足收敛条件的平均迭代次数，则算法的时间性能指标数学公式可表示为

$$E_s = \frac{I_a T_0}{I_{max}} \times 100\%$$ (3-17)

4）鲁棒性指标

群体智能算法在进行优化计算时具有随机性，波动率指标 E_f 就是为衡量算法对随机初始值的依赖程度，其值越小依赖程度就越小，算法性能就越好。$f_{avg,k}$ 为算法第 k 次迭代时的平均值，则波动率指标的数学公式可表示为

$$E_f = \frac{f_{avg,k} - f(\boldsymbol{x}_{Global})}{f(\boldsymbol{x}_{Global})} \times 100\%$$ (3-18)

分析优化性能指标和鲁棒性指标可知，其本质上是利用相对指标来评价算法的全局收敛性，而时间性能指标的实质是利用相对指标来评价算法的求解效率，因此可直接利用算法得到的实际最优解和算法的总评价次数来分析仿电磁学算法的综合性能。

2. 算法性能分析

1）溢出性能分析

分别利用基本仿电磁学算法和改进算法对含有多自由变量的优化问题进行求解，见式(3-19)。

$$\begin{cases} f(\boldsymbol{x}) = \sum_{i=1}^{10} x_i^2 \\ -100 \leqslant x_i \leqslant 100, f(x^*) = 0 \end{cases} \quad i = 1, 2, \cdots, 2\,000 \quad (3-19)$$

根据图 3.4-1 所示的优化结果可以看出，采用基本电荷量计算公式时，在运行到 50 代左右因出现溢出问题而使算法无法继续进行迭代进化；利用改进的电荷量计算公式时，因采用的是当前代最好和最差目标函数值之和作为指数幂的分母，可有效避免算法进化时目标函数值趋同性的影响，因此尽管优化问题存在多自由变量，仍然可有效收敛到优化问题的全局最优解。在进行仿真分析时，两种算法从相同的初始种群开始进化寻优，从优化过程可以看出采用改进的电荷量计算公式时，算法的寻优效率明显高于基本算法，因此改进的电荷量计算公式无论是在溢出性能方面还是在搜索效率上都具有明显优越性。

2）改进算法综合性能分析

算法对局部和全局搜索策略的改进并没有影响基本算法的物理运行机

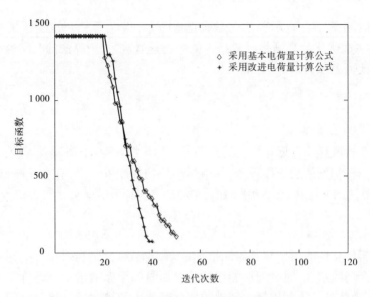

图 3.4-1　仿电磁学算法的溢出性能分析

制,而种群个体受力计算改变了对所有种群个体都进行吸引排斥机制模拟的方法,针对每次迭代中非最佳个体仅采用吸引机制,对最佳个体仅采用排斥机制,其目的是减少算法的计算量。改进后算法简化了基本仿电磁学算法的吸引排斥运行机制,是否会对算法优化性能产生不利影响呢? 在 3.4.1 中从理论上分析了改进算法不仅不会影响算法优化性能,而且可提高算法的优化效率,下面通过对常用的数学测试函数优化求解来分析改进算法的综合性能。详细的数学测试函数描述可参考文献[125],基本仿电磁学算法对标准测试函数的优化直接采用文献[125]提供的结果,利用改进算法对标准测试函数进行优化求解的参数设置情况如表 3.4-1 所示。

表 3.4-1　改进仿电磁学算法的优化参数

测试函数	变量个数 n	种群个数 m	算法最大迭代次数
Complex	2	10	50
Davis	2	20	50
Griewank	2	30	100
Himmelblau	2	10	50
Kearfott	4	10	50
Levy	10	20	75
Rastrigin	2	20	50

测试函数	变量个数 n	种群个数 m	算法最大迭代次数
Sine Envelope	2	20	75
Stenger	2	10	75
Spiky	2	30	75
Trid(5)	5	10	125
Trid(20)	20	40	500

在不考虑算法局部搜索策略情况下,比较改进算法和基本仿电磁学算法的优化性能,针对表 3.4-1 所示的标准测试函数利用基本算法和改进算法的优化结果如表 3.4-2 所示。其中每个测试函数利用改进算法优化运行 20 次;利用改进算法进行优化求解时的终止条件为满足采用基本算法求解时的优化精度要求。

表 3.4-2　无局部搜索策略的仿电磁学算法优化结果

测试函数	基本算法优化结果[125]			改进算法优化结果			理论最优值
	平均评价次数	平均目标函数值	最优目标函数值	平均评价次数	平均目标函数值	最优目标函数值	
Complex	363	0.017 5	0.015 8	148	0.007 5	0.000 4	0.0
Davis	622	1.615 7	1.564 1	355	1.342 2	0.729 9	0.0
Griewank	1 914	0.089 6	0.003 2	1 658	0.042 1	0.001 9	0.0
Himmelblau	84	0.093 4	0.075 9	584	0.040 9	0.006 8	0.0
Kearfot	231	0.000 8	0.000 0	510	0.084 2	0.022 2	0.0
Levy	835	0.142 9	0.030 3	362	0.095 3	0.015 8	0.0
Rastrigin	141	−1.956 6	−1.987 1	661	−1.979 16	−1.996 5	−2.0
Sine Envelope	962	0.074 4	0.040 0	60	0.043 69	0.016 9	0.0
Stenger	282	0.002 0	0.001 9	624	0.001 1	0.000 3	0.0
Spiky	1 702	−38.637 8	−38.725 1	1 029	−38.843 0	−38.814 0	−38.85
Trid(5)	968	−28.299 7	−29.032 4	1 097	−28.747 7	−29.607 0	−30.0
Trid(20)	43 354	−33.256 7	−177.612 4	13 756	−215.028 0	−493.450 0	−1 520

根据表 3.4-2 所示的优化结果可以看出,在算法不进行局部搜索策略的情况下,利用改进算法对标准测试函数进行优化求解时,除 Davis 和 Trid(20)的优化结果与理论全局最优解的距离较远外,对其他优化问题求解得到的最优解非常接近理论全局最优,表明改进算法即使不采用局部搜索策略时也具有较好的优化性能。与基本仿电磁学算法相比,改进算法除对 Kearfott 优化问题求解时收敛性稍差外,对其他优化问题求解都具有较好的收敛性,特别是对 Trid(20)优化问题求解时得到最优解的效率比利用基本算法时提高了 1 倍多,同时针对大部分标准测试函数利用改进算法时具有更少的评价次数。因此,可以看出改进算法不仅可以提高对优化问题的求解效率,还可显著提高算法的收敛性能,与基本仿电磁学算法相比具有明显优势。

局部搜索策略在群体智能算法中具有重要作用,能够加快算法找到优化问题的全局最优解[125]。根据表 3.4-2 的优化结果可知,在没有采用局部搜索策略的情况下,无论是基本算法还是改进算法都难以找到优化问题的全局最优解,因此在对优化问题求解时必须采用局部搜索策略。根据理论分析,基本仿电磁学算法中基于柱坐标的局部搜索策略虽然可显著提高算法的收敛性能,但由于计算量大、运行耗时等原因难以应用于大规模优化问题的求解中,而改进算法的局部搜索策略可显著减少计算量。下面通过对标准测试函数的仿真,分析具有局部搜索策略的改进算法的综合优化性能,针对每个测试函数运行 20 次,优化结果如表 3.4-3 所示。

表 3.4-3　采用局部搜索策略的仿电磁学算法优化结果

测试函数	基本算法优化结果[125]			改进算法优化结果			理论最优值
	平均评价次数	平均目标函数值	最优目标函数值	平均评价次数	平均目标函数值	最优目标函数值	
Complex	598	0.000 0	0.000 0	411	0.000 0	0.000 0	0.0
Davis	832	0.453 8	0.235 6	890	0.517 8	0.293 45	0.0
Griewank	2 470	0.000 0	0.000 0	1 278	0.000 0	0.000 0	0.0
Himmelblau	520	0.000 1	0.000 0	368	0.000 0	0.000 0	0.0
Kearfott	712	0.000 0	0.000 0	240	0.000 5	0.000 0	0.0
Levy	2 783	0.000 1	0.000 0	644	0.000 2	0.000 0	0.0
Rastrigin	792	− 1.989 8	− 2.000 0	570	− 1.995 54	− 2.000 0	− 2.0
Sine Envelope	1 007	0.035 2	0.009 7	544	0.000 5	0.000 0	0.0

测试函数	基本算法优化结果[125]			改进算法优化结果			理论最优值
	平均评价次数	平均目标函数值	最优目标函数值	平均评价次数	平均目标函数值	最优目标函数值	
Stenger	724	0.000 0	0.000 0	302	0.000 5	0.000 0	0.0
Spiky	1 520	−38.668 4	−38.848 6	1 395	−38.807 2	−38.85	−38.85
Trid(5)	1 870	−29.996 3	−29.999 7	1 305	−29.938 2	−29.990 0	−30.0
Trid(20)	99 731	−1 519.447 2	−1 519.554 3	23 997	−1 503.263 4	−1 515.563 0	−1 520

根据表 3.4-3 所示的优化结果可以看出,改进算法除对 Davis 和 Trid(20)标准测试函数优化结果略显不足外,针对其他优化问题都可找到理论全局最优解,且与基本仿电磁学算法相比具有更少的计算量。通过是否采用局部搜索策略时优化结果的比较表明,改进的局部搜索策略可以在没有增加较多计算量的情况下显著改善算法的全局寻优能力。总体来说,与基本仿电磁学算法相比,改进算法在综合优化性能方面具有明显优越性。

在标准的测试函数中变量个数最多只有 20 个,属于小规模优化问题,针对大规模优化问题的求解改进仿电磁学算法是否具有优势呢? 通过对具有 1 000 个变量的优化问题(见式(3-20))分别采用基本算法和改进算法进行求解,来验证改进算法的优越性。种群规模设定为 50,算法的终止条件为最大迭代 150 次,优化运行 20 次。表 3.4-4 所示为采用不同算法求解时的优化结果;图 3.4-2 为不同算法对大规模优化问题求解时的进化过程。

$$\begin{cases} f(\boldsymbol{x}) = \sum_{i=1}^{1\,000} x_i^2 & i = 1,2,\cdots,1\,000 \\ -10 \leqslant x_i \leqslant 10, f(x^*) = 0 \end{cases} \quad (3\text{-}20)$$

表 3.4-4 大规模优化问题的仿电磁学算法优化结果

	项目	平均目标函数值	最优目标函数值	平均运行时间(s)
基本 ELM	无局部搜索	156.681 5	138.270 0	35.85
	有局部搜索	—	—	—
改进 ELM	无局部搜索	68.685 3	64.930 0	30.41
	有局部搜索	34.362 6	30.695 0	43.59

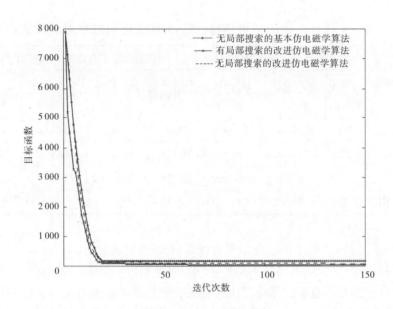

图 3.4-2　大规模优化问题的仿电磁学算法运行过程

　　根据表 3.4-4 所示的优化结果可知,即便在不采用局部搜索策略的情况下,改进算法在全局收敛性和优化效率方面也具有明显优越性;当采用局部搜索策略时,基本算法所采用的坐标搜索策略因为计算量的急剧增加而导致算法运算时间太长,无法应用到大规模优化问题的求解中,而改进算法的局部搜索策略,可在没有大幅度增加计算量的情况下,显著提高算法寻求最优解的能力。根据图 3.4-2 仿电磁学算法对大规模优化问题求解时的运行过程可以看出,采用局部搜索策略的改进算法具有最好的综合优化性能,适合于对大规模优化问题的求解。从优化结果还可以看出,采用局部搜索策略的改进算法得到的最优解和理论全局最优解还有一定的差别,在进化后期算法还存在收敛速度慢的缺陷,实际应用中可与其他算法相融合进一步提高算法的寻优性能。

3.4.3　改进算法的收敛性分析

　　群体智能算法在理论上的全局收敛性是其成功应用于优化领域的理论基础,因此对改进仿电磁学算法全局收敛性的分析和证明非常重要。根据改进仿电磁学算法的理论框架,新种群个体的产生只和当前种群个体有关,即只有当前种群个体对后续种群个体的生成有影响,同时后续种群个体的产生具有随机性,因此仿电磁学算法的运行机制可采用具有马尔可夫性的随机过程进行描述,其全局收敛性可通过随机分析理论进行分析证明。Y_k 为算法第 k 次迭代中对应于种群个体的随机变量；X_m 为算法随机过程对应的状态空间；$\rho(\boldsymbol{\Omega})$ 为种群个体转移到优化子空间 $\boldsymbol{\Omega}$ 中的最小转移概率；$\boldsymbol{B}_\varepsilon^*$ 为最优化问题的邻域最优解空间；$\boldsymbol{\chi}_\Omega(x)$ 为种群个体在优化子空间 $\boldsymbol{\Omega}$ 中的个数。若当 $k \to \infty$ 时 $Pos\{\boldsymbol{\chi}_{B_\varepsilon^*}(\boldsymbol{Y}_k) \neq 0\}$ 的值为 1，则称算法以概率 1 收敛到优化问题的全局最优解。下面利用引理 3-1、引理 3-2[130] 和随机分析理论来证明改进仿电磁学算法的全局收敛性。

引理 3-1：若 $\boldsymbol{\Omega} \subset \mathbf{OS}$，且包含优化空间 $\mathbf{OS}$ 中的一个满维开球，则种群个体转移到优化子空间 $\boldsymbol{\Omega}$ 中的转移概率 $\rho(\boldsymbol{\Omega}) > 0$。

引理 3-2：若对于 $\forall \boldsymbol{x} \in X_m$，$\exists \boldsymbol{\chi}_{B_\varepsilon^*}(\boldsymbol{Y}_k) \neq 0$，则 $Pos\{\boldsymbol{\chi}_{B_\varepsilon^*}(\boldsymbol{Y}_k) \neq 0 \mid \boldsymbol{Y}_k = \boldsymbol{x}\} = 1$。

证明：根据概率论理论，证明 $Pos\{\boldsymbol{\chi}_{B_\varepsilon^*}(\boldsymbol{Y}_k) \neq 0\} = 1$ 等价于证明 $Pos\{\boldsymbol{\chi}_{B_\varepsilon^*}(\boldsymbol{Y}_k) = 0\} = 0$。根据改进仿电磁学算法的理论分析，其迭代进化过程具有马尔可夫无后效性，根据引理 3-2 概率公式 $Pos\{\boldsymbol{\chi}_{B_\varepsilon^*}(\boldsymbol{Y}_k) = 0\}$ 可表示为

$$Pos\{\boldsymbol{\chi}_{B_\varepsilon^*}(\boldsymbol{Y}_k) = 0\} = Pos\{\boldsymbol{\chi}_{B_\varepsilon^*}(\boldsymbol{Y}_1) = 0, \boldsymbol{\chi}_{B_\varepsilon^*}(\boldsymbol{Y}_2) = 0, \cdots, \boldsymbol{\chi}_{B_\varepsilon^*}(\boldsymbol{Y}_k) = 0\}$$

$$(3\text{-}21)$$

根据 Bayes 概率公式可将式（3-21）表示为

$$Pos\{\boldsymbol{\chi}_{B_\varepsilon^*}(\boldsymbol{Y}_k) = 0\} = Pos\{\boldsymbol{\chi}_{B_\varepsilon^*}(\boldsymbol{Y}_{k-1}) = 0\} \prod_{l=k}^{k} Pos\{\boldsymbol{\chi}_{B_\varepsilon^*}(\boldsymbol{Y}_l) = 0 \mid \boldsymbol{\chi}_{B_\varepsilon^*}(\boldsymbol{Y}_{l-1}) = 0\}$$

$$= Pos\{\boldsymbol{\chi}_{B_\varepsilon^*}(\boldsymbol{Y}_{k-2}) = 0\} \prod_{l=k-1}^{k} Pos\{\boldsymbol{\chi}_{B_\varepsilon^*}(\boldsymbol{Y}_l) = 0 \mid \boldsymbol{\chi}_{B_\varepsilon^*}(\boldsymbol{Y}_{l-1}) = 0\}$$

$$= Pos\{\boldsymbol{\chi}_{B_\varepsilon^*}(\boldsymbol{Y}_1) = 0\} \prod_{l=2}^{k} Pos\{\boldsymbol{\chi}_{B_\varepsilon^*}(\boldsymbol{Y}_l) = 0 \mid \boldsymbol{\chi}_{B_\varepsilon^*}(\boldsymbol{Y}_{l-1}) = 0\}$$

$$(3\text{-}22)$$

因改进仿电磁学算法的进化过程是一具有时间序列的马尔可夫随机过程，具有时间的无后效性，只需要计算条件概率 $Pos\{\boldsymbol{\chi}_{B_\varepsilon^*}(\boldsymbol{Y}_l) = 0 \mid \boldsymbol{\chi}_{B_\varepsilon^*}(\boldsymbol{Y}_{l-1}) = 0\}$ 的概率值，即可得出 $Pos\{\boldsymbol{\chi}_{B_\varepsilon^*}(\boldsymbol{Y}_k) = 0\}$ 的概率值。

根据 Bayes 概率公式可将 $Pos\{\boldsymbol{\chi}_{B_\varepsilon^*}(\boldsymbol{Y}_l) = 0 \mid \boldsymbol{\chi}_{B_\varepsilon^*}(\boldsymbol{Y}_{l-1}) = 0\}$ 表示为

$$Pos\{\boldsymbol{\chi}_{B_\varepsilon^*}(\boldsymbol{Y}_l) = 0 \mid \boldsymbol{\chi}_{B_\varepsilon^*}(\boldsymbol{Y}_{l-1}) = 0\} = \frac{Pos\{\boldsymbol{\chi}_{B_\varepsilon^*}(\boldsymbol{Y}_l) = 0, \boldsymbol{\chi}_{B_\varepsilon^*}(\boldsymbol{Y}_{l-1}) = 0\}}{Pos\{\boldsymbol{\chi}_{B_\varepsilon^*}(\boldsymbol{Y}_{l-1}) = 0\}}$$

$$= \frac{\int_{\chi_{B_\varepsilon^*}(x)=0} Pos\{\chi_{B_\varepsilon^*}(Y_l)=0 \mid \chi_{B_\varepsilon^*}(Y_{l-1})=y\} Pos\{\chi_{B_\varepsilon^*}(Y_{l-1})=y\}\mu dy}{\int_{\chi_{B_\varepsilon^*}(x)=0} Pos\{\chi_{B_\varepsilon^*}(Y_{l-1})=y\}\mu dy}$$

$$\tag{3-23}$$

$$Pos\{\chi_{B_\varepsilon^*}(Y_l)=0 \mid \chi_{B_\varepsilon^*}(Y_{l-1})=y\} = 1 - Pos\{\chi_{B_\varepsilon^*}(Y_l)\neq$$
$$0 \mid \chi_{B_\varepsilon^*}(Y_{l-1})=y\}, \forall y \in \{x: \chi_{B_\varepsilon^*}(x)=0\} \tag{3-24}$$

根据引理 3-1 可知 $Pos\{\chi_{B_\varepsilon^*}(Y_l)\neq 0 \mid \chi_{B_\varepsilon^*}(Y_{l-1})=y\} \geqslant 0$,所以对于式(3-24)可得出

$$Pos\{\chi_{B_\varepsilon^*}(Y_l)=0 \mid \chi_{B_\varepsilon^*}(Y_{l-1})=y\} \leqslant 1 - \rho(\Omega) \tag{3-25}$$

因此,根据式(3-23)可以得出

$$Pos\{\chi_{B_\varepsilon^*}(Y_l)=0 \mid \chi_{B_\varepsilon^*}(Y_{l-1})=0\} \leqslant \frac{\{1-\rho(\Omega)\}\int_{\chi_{B_\varepsilon^*}(x)=0} Pos\{\chi_{B_\varepsilon^*}(Y_{l-1})=y\}\mu dy}{\int_{\chi_{B_\varepsilon^*}(x)=0} Pos\{\chi_{B_\varepsilon^*}(Y_{l-1})=y\}\mu dy}$$

$$= 1 - \rho(\Omega) \tag{3-26}$$

将式(3-26)代入式(3-22)可得

$$Pos\{\chi_{B_\varepsilon^*}(Y_k)=0\} \leqslant \{1-\rho(\Omega)\}^k \tag{3-27}$$

根据引理 3-1 和引理 3-2,当 $k\rightarrow\infty$ 时:

$$\lim_{k\rightarrow\infty} Pos\{\chi_{B_\varepsilon^*}(Y_k)=0\} \leqslant \lim_{k\rightarrow\infty}\{1-\rho(\Omega)\}^k = 0 \tag{3-28}$$

因此,改进仿电磁学算法在理论上具有全局收敛性。

3.5 小 结

仿电磁学算法作为一种模拟电荷间吸引和排斥机制的新型群体智能算法,对优化问题求解时具有评价次数少、计算速度快、收敛性能好、原理简单、程序实现方便等优点。围绕着算法的运行机制、优化性能和收敛性分析等方面,本章主要做了以下工作:

(1)以算法的物理学依据为基础,详细分析了算法的理论框架、实现步骤及核心策略的实现方法,包括初始种群的产生、种群个体电荷量模拟、个体间吸引排斥机制、全局搜索策略和局部搜索策略等,为分析算法的优化运行机制打下理论基础。

(2)详细分析了算法的优化运行机制。通过理论分析阐述了仿电磁学算

法比遗传算法等人工智能算法优化性能优越的根本原因;通过分析算法的伪代码指令,挖掘影响算法优化性能的主要因素,为算法的改进策略提供理论指导。

(3)研究在不考虑与其他算法融合机制下的算法改进策略。在分析算法吸引排斥机制的基础上,提出对非最优个体仅采用吸引机制和对最优个体仅采用排斥机制的单边受力计算方法,以便提高算法的优化性能和计算效率;提出了可提高算法计算效率的全局搜索策略;提出了适应于大规模优化问题求解的局部搜索策略。

(4)详细分析了改进算法的优化性能。通过理论分析表明,改进算法可显著提高算法的优化效率,可应用于大规模优化问题的求解;通过对标准的数学测试函数优化求解,与基本算法相比进一步验证了改进算法在综合优化性能上具有明显优势;通过对大规模优化问题的分析表明,改进算法在求解大规模优化问题方面具有良好的应用前景,为在水火电力系统优化调度领域的应用提供了理论基础。

(5)算法的收敛性是保证算法应用成功的前提和基础,通过对改进算法的随机制论分析表明,算法可以以概率1收敛到优化问题的全局最优解,为算法在优化领域的应用提供了理论基础。

第4章 梯级水电站发电潜力挖掘的水库蓄能利用最大化优化模型

4.1 引 言

理论和实践表明,充分利用水能,优先开发水电能源,提高水能利用率,对于合理开发和使用其他非可再生能源如燃煤资源等具有重要作用。由于水电站来水随机性及空间分布不均衡性等因素的影响,自然调节并不能够实现水力资源的可持续高效利用,从而影响电能利用的连续性和稳定性,因此人们通过兴建水库的方式和采用现代优化技术的手段进行优化调控,来实现水力资源在时间和空间上的合理分配。梯级水电站之间存在电力和水力方面的双重联系,如何建立有效的电能生产优化调度数学模型来协调梯级水电站之间水资源的利用和分配已经成为当前研究的热点。目前,为达到调度期内发电量最大、水库蓄能最大、调峰效益最大、耗水量最小及发电收益最大等运行目标,建立了大量优化模型,其中一些已经应用到工程实践中,提高了水电站运行的综合经济性。

已有的优化调度数学模型对弃水处理大部分采用的是强迫弃水策略,即当水电站水库蓄水水位超过最大限制水位时产生弃水。从理论上讲,该弃水策略并没有真正实现弃水的重复利用及其在梯级水电站之间的合理分配。本章针对以发电为主的梯级水电站,采用强迫弃水和有益弃水相结合的弃水策略,建立能够描述水电站发电量最大、水力资源在梯级水电站之间的重新有益分配和最后一级水电站弃水损失最小的梯级水电站水库蓄能利用最大化的长期优化调度数学模型。通过对现有以强迫弃水策略为基础的发电量最大优化调度数学模型和本书所建的优化调度数学模型的调度结果进行比较分析表明,所建模型能够实现水电站水能的合理分配和高效利用,提高了水电站的整体发电效益。

4.2 强迫弃水与有益弃水相结合的水力资源分配

强迫弃水策略的目的是在满足发电用水需求的同时,使水力资源最大程度地存储在水电站水库中,满足以后调度期内水电站发电用水的需求。这种弃水策略对于单一运行的水电站是合理的,能够实现水力资源的可持续利用,然而梯级水电站之间既有电气方面的联系又有水力方面的联系,仅仅采用强迫弃水策略将不能够实现水资源的最优分配。本书提出采用强迫弃水与有益弃水相结合的水资源分配策略,目的是实现弃水的重复利用,最大可能地发挥水力资源的发电效益。在本书中,有益弃水指上一级水电站在满足运行约束条件下,存储在水库中的部分水力资源如果在下一级水电站中利用能够增加梯级水电站总的发电效益将产生的人为的放水。采用1、2、3 三级梯级水电站来解释有益弃水策略的水资源分配原理如图 4.2-1 所示,Z_i、$\overline{Z_i}$、Q_i、$S_i(i=1,2,3)$ 分别为水电站 i 的初始前池水位、产生有益弃水后的前池水位、发电引用流量和有益弃水流量。

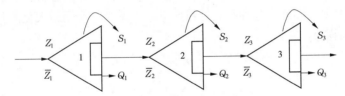

图 4.2-1　三级梯级水电站

假定水电站的尾水水位和发电引用流量保持不变,水电站 1 损失的瞬时发电量 ΔP_1 为

$$\Delta P_1 = 9.81 \times (Z_1 - \overline{Z_1}) Q_1 \tag{4-1}$$

水电站 2 的瞬时发电量增益 ΔP_2 为

$$\Delta P_2 = 9.81 \times (\overline{Z_2} - Z_2) Q_2 \tag{4-2}$$

水电站 3 的瞬时发电量增益 ΔP_3 为

$$\Delta P_3 = 9.81 \times (\overline{Z_3} - Z_3) Q_3 \tag{4-3}$$

三级梯级水电站总瞬时发电量的增益 ΔP 为

$$\Delta P = \Delta P_2 + \Delta P_3 - \Delta P_1 \tag{4-4}$$

若水电站 1 的水库库容远远大于水电站 2 和 3 的水库库容,则水电站 1 适当的有益弃水不会使 ΔP_1 太大,却可以增加水电站 2 和 3 的发电水头和发

电流量,从而使水电站 2 和 3 的瞬时发电量增益之和 $\Delta P_2 + \Delta P_3$ 有较大的值,使得梯级水电站总的瞬时发电增益 ΔP 大于零。因此,有益弃水策略的目的就是实现水力资源在梯级水电站之间的重新分配以便实现最大的发电效益,对于实现水力资源的持续高效利用具有重要的意义。针对梯级水电站的最后一级水电站仅采取强迫弃水策略,以便尽可能减少由于弃水而产生的发电效益损失。在实际情况中有益弃水还可以增加下游水电站的发电引用流量,使得 ΔP 的值有适当的增加。

4.3 蓄能利用最大化优化调度数学模型

4.3.1 目标函数

在混合弃水策略的基础上,将梯级水电站作为一个整体处理,使最后一级水电站在调度期内的强迫弃水电量达到最小,同时重新合理分配梯级水电站间的水力资源,使以发电为主的梯级水电站获得最大的发电效益即水库蓄能利用的最大化。以此为基础建立梯级水电站水库蓄能利用最大化的长期优化调度目标函数为

$$\max(E_{\text{Gen}} + \omega_c \Delta E_{\text{Con}} - \omega_s E_{\text{Spl}}) \tag{4-5}$$

$$E_{\text{Gen}} = \sum_{n=1}^{N} \sum_{t=1}^{T} A_n Q_{n,t} H_{n,t} M_t \tag{4-6}$$

$$\Delta E_{\text{Con}} = \sum_{n=1}^{N-1} \sum_{t=1}^{T} (A_{n+1} H_{n+1,t} - A_n H_{n,t}) S_{n,t} M_t \tag{4-7}$$

$$E_{\text{Spl}} = \sum_{t=1}^{T} A_n S_{n,q,t} H_{n,t} M_t \tag{4-8}$$

式中:T 为调度期内的总时段数;N 为梯级水电站总数;M_t 为 t 时段的总小时数;A_n、A_{n+1} 分别为水电站 n 和 $n+1$ 的综合平均出力系数;$Q_{n,t}$ 为水电站 n 在 t 时段内的平均发电引用流量;$H_{n,t}$、$H_{n+1,t}$ 分别为水电站 n 和 $n+1$ 在 t 时段的平均发电净水头;$S_{n,t}$ 为水电站 n 在 t 时段的平均有益弃水流量;$S_{n,q,t}$ 为最后一级梯级水电站在 t 时段产生的强迫弃水流量;ω_c、ω_s 为权重系数,其值的大小根据具体优化问题进行确定,为非负值。

式(4-6)表示在调度期内梯级水电站的总发电量;式(4-7)表示在调度期内有益弃水在梯级水电站间重新分配时而产生的发电量增益;式(4-8)表示在

调度期内最后一级水电站由于强迫弃水而造成的梯级水电站总损失电量。因此,目标函数式(4-5)的最大化蕴含着梯级水电站总发电量和弃水重新分配时产生发电增益的最大化以及由于强迫弃水而造成的发电损失最小化,在满足水电站所有运行约束的情况下,可以实现水库蓄能的最大利用。

4.3.2 约束条件

水电站要求在一定的运行约束条件下运行,否则将影响水电站的运行效率、安全及水力资源的分配情况等,最终影响到水电站的整体发电效益。本书所考虑的约束条件为

$$N_{n,\min} \leqslant A_n Q_{n,t} H_{n,t} \leqslant N_{n,\max} \tag{4-9}$$

$$X_{n,\min} \leqslant X_{n,t} \leqslant X_{n,\max} \tag{4-10}$$

$$Q_{n,\min} \leqslant Q_{n,t} \leqslant Q_{n,\max} \tag{4-11}$$

$$H_{n,\min} \leqslant H_{n,t} \leqslant H_{n,\max} \tag{4-12}$$

$$X_{n,t} = X_{n,t-1} + (q_{n,t} - Q_{n,t} - S_{n,t} - S_{n,q,t})M_t \tag{4-13}$$

$$X_{n,t} = X_{n,t-1} + (Q_{n-1,t} + S_{n-1,t} + S_{n-1,q,t} + q_{n,t} - Q_{n,t} - S_{n,t} - S_{n,q,t})M_t \tag{4-14}$$

$$q_{n,t} + Q_{n-1,t} + S_{n-1,t} + S_{n-1,t,q} - Q_{n,t} - S_{n,t} - S_{n,q,t} = 0 \tag{4-15}$$

式中:$N_{n,\min}$、$N_{n,\max}$为第 n 个水电站综合出力的最小值和最大值;$X_{n,\min}$、$X_{n,\max}$为第 n 个水电站水库蓄水量的最小值和最大值;$X_{n,t}$为第 n 个水电站在 t 时段末水库的蓄水量;$H_{n,\min}$、$H_{n,\max}$为第 n 个水电站水头的最小值和最大值;$q_{n,t}$为第 n 个水电站在 t 时段的空间来水量;$S_{n,q,t}$为第 n 个水电站在 t 时段的强迫弃水流量。其他符号意义同前。

式(4-9)为水电站机组的综合出力约束;式(4-10)为水库库容约束;式(4-11)为水电站机组的发电引用流量约束;式(4-12)为水电站的水头约束;式(4-13)、式(4-14)为具有调节能力梯级水电站的水量平衡约束;式(4-15)为无调节能力水电站的水量平衡约束。

4.3.3 水头特性

梯级水电站之间具有电气和水力方面的联系,尤其对于上下游具有高耦合水力联系的水电站之间,在建立电站的水头特性时,需要考虑下游水电站对上游水电站的有效水头的影响,否则将可能造成优化调度结果的较大偏差。本书在建立水电站水头特性描述的数学模型时,考虑发电引用流量、弃水流量

和下游水电站的水库蓄水量等因素对上游水电站水头的影响,建立的梯级水电站水头特性的二次数学模型为

$$H_{n,t} = \frac{1}{2}(Z_{n,t} + Z_{n,t-1}) - \max(T_{n,t}, T_{n,N}) \qquad (4-16)$$

$$Z_{n,t} = a_n(X_{n,t})^2 + b_n X_{n,t} + c_n \qquad (4-17)$$

$$T_{n,t} = a_{n,T}(Q_{n,t} + S_{n,t} + S_{n,q,t})^2 + a_{n,X}(X_{n+1,t})^2 +$$
$$b_{n,T}(Q_{n,t} + S_{n,t} + S_{n,q,t}) + b_{n,X}X_{n+1,t} + c \qquad (4-18)$$

式中:$Z_{n,t}$为第n个水电站在t时段末的水库前池水位;$T_{n,t}$为第n个水电站在t时段的水库放水路水位;$T_{n,N}$为第n个水电站的最低尾水水位;a_n、b_n、c_n为第n个水电站水库前池水位的特征系数;$a_{n,T}$、$a_{n,X}$、$b_{n,T}$、$b_{n,X}$、c为第n个水电站水库放水路水位的特征系数。其他符号意义同前。

式(4-16)~式(4-18)将各时段的水电站发电净水头用发电流量和弃水流量来表示,可以动态地了解水头的变化情况,同时减少了变量的个数,有利于提高优化调度的效率。

4.3.4　蓄水量模型

水库蓄水量是描述水库特征的一个重要物理量,它直接影响到水库的前池水位,进而影响到水电站的运行水头。在一个调度周期内,它将随着水库的入库流量和出库流量的差异而动态地改变。建立一个正确描述蓄水量变化情况的数学表达式,对于提高优化调度结果的准确性和合理性具有重要的作用。本书根据在调度时段初各水电站水库蓄水量为已知的特点,基于递归思想建立的水库蓄水量数学模型为

$$X_{1,t} = X_{1,0} + 0.002\,63\sum_{i=1}^{t}(q_{1,i} - Q_{1,i} - S_{1,i} - S_{1,q,i}) \qquad (4-19)$$

$$X_{n,t} = X_{n,0} + 0.002\,63\sum_{i=1}^{t}(q_{n,i} + Q_{n-1,i} + S_{n-1,i} + S_{n-1,q,i} - Q_{n,i} - S_{n,i} - S_{n,q,i})$$
$$(4-20)$$

式(4-19)为一级水电站水库蓄水量的数学表达式;式(4-20)为其他具有调节能力水电站的水库蓄水量数学表达式。在进行优化调度数学模型求解时,可以通过式(4-19)、式(4-20),减少优化问题决策变量的个数,进而达到降低求解问题的规模,提高运算的效率的目的。

4.4 实例应用

4.4.1 算例描述

　　采用一个三级的梯级水电站为仿真算例,来验证所建优化调度数学模型能够合理分配水力资源和提高总体发电效益。采用 1 年的调度周期,以月(按 30.4 天计算)为基础划分为 12 个调度时段,水库的动态水头和蓄水量采用弃水流量和发电引用流量来表示,同时对最后一级水电站仅采用强迫弃水策略,因此在优化调度数学模型中总共包含 96 个决策变量。针对所求解的问题是确定模型下的优化问题且变量相对较少,本书利用 Matlab 工具箱,通过常规的非线性约束规划方法对优化调度数学模型进行求解。

　　表 4.4-1 所示为梯级水电站 1、2、3 的基本参数。水电站 2、3 的水库调节特性为日调节性质,本书针对日调节性质的水电站 2、3 在长期优化调度中的特殊性,假定在调度周期内运行水头维持在额定水头不变,而其水库的前池水位随调度时段的不同动态地发生变化,其与水库的蓄水量 $X_{n,t}$ 有关,它们之间的关系表达式由式(4-17)表示。表 4.4-2 所示为描述水电站水库特性的特征参数,这些参数值依据水库的实际运行数据并假定下游水电站对上游水电站尾水水位影响不超过 5% 的条件下得到。在进行仿真分析时,采用入库流量的确定性模型,即认为在同一个时段内梯级水电站水库的空间来水量为一定值,利用典型年空间来水的月平均流量表示。表 4.4-3 所示为水电站 1、2、3 的月平均空间独立来水流量。

表 4.4-1　梯级水电站基本参数

水电站	水库调节特性	正常蓄水位(m)	死水位(m)	死水库容(亿 m³)	最大发电流量(m³/s)	电站额定水头(m)	装机容量(MW)	保证出力(MW)	电站综合出力系数
水电站 1	多年调节	780	731.0	25.990	1 204.8	110.7	1 200	405.2	8.3
水电站 2	日调节	645	637.0	0.076	838.8	176.0	1 320	730.0	8.9
水电站 3	日调节	440	37.5	1.842	1 320.8	34.0	405	126.9	9.0

表 4.4-2　梯级水电站水库的特征参数

水电站	a_n	b_n	c_n	$a_{n,T}$	$a_{n,X}$	$b_{n,T}$	$b_{n,X}$	c
水电站1	$-0.003\ 300\ 0$	$1.211\ 00$	$701.772\ 5$	$5.082\ 4\times10^{-6}$	$-0.028\ 767$	6.319×10^{-3}	$-0.028\ 767$	654.478
水电站2	$-0.028\ 767\ 0$	$1.724\ 10$	$633.170\ 2$	—	—	—	—	—
水电站3	$0.005\ 079\ 2$	$-0.303\ 37$	$438.561\ 0$	—	—	—	—	—

表 4.4-3　梯级水电站月平均独立空间来水流量　（单位：m³/s）

月份	水电站1	水电站2	水电站3	月份	水电站1	水电站2	水电站3	月份	水电站1	水电站2	水电站3
1	267	36	45	5	386	70	154	9	602	254	107
2	238	39	81	6	891	108	226	10	338	163	188
3	177	64	51	7	802	279	257	11	392	111	130
4	158	35	32	8	881	288	296	12	258	208	159

4.4.2　等效库容在日调节水电站长期优化调度中的应用

　　水电站 2、3 为日调节性质的水电站，对来水的调节周期为一天，在长期优化调度中对其蓄水量约束的处理将具有特殊性，不能够按照水库实际运行的最小库容和最大库容建立蓄水量约束条件，否则会由于所建约束条件不符合实际，而无法找到优化调度模型的可行解。本书根据日调节水电站水库的实际运行规律，采用比例缩放的策略，建立能够反映日调节水电站特性的等效库容约束条件，有效地解决了日调节水电站长期优化调度中库容的约束问题。其约束条件建立的基本思想就是根据日调节水电站在一个调度时段（一个月）的实际循环次数，对实际的库容约束的上下限进行比例放大。假如其实际的库容约束下限为 X_L，库容约束上限为 X_U，历史平均循环次数为 N，则所建立的水库等效库容约束条件为

$$NX_L \leqslant X_{n,t} \leqslant NX_U \tag{4-21}$$

4.4.3　强迫弃水策略的优化调度

　　以上述三级梯级水电站为依据，采用传统强迫弃水策略，以年发电量最大为目标函数对梯级水电站进行优化调度，调度结果如表 4.4-4 所示。由表 4.4-4 可知，为了实现年发电量的最大化，梯级水电站 1、2、3 在满足水头约束、蓄水量约束、水位约束、机组出力约束、发电引用流量约束等运行约束的前

提下,尽可能增加梯级水电站机组的发电引用流量,进而实现整个梯级水电站的年发电量最大化。在调度期间,水电站水库2的独立空间来水量虽然不大,但在水电站1的发电泄水、水电站2独立空间来水、水库蓄水的作用下,可以实现机组的满发;水电站3在独立空间来水量、水电站2发电泄水、水库蓄水的作用下尽可能实现发电效益最大化,然而由于发电用水的有限性及其需要满足自身的运行约束条件,因此没有能够实现机组的最大出力。同时在一年的调度周期内,由于水电站水库的平均蓄水量没有达到水库容量的上限,所以在整个调度期内没有产生强迫弃水。

表 4.4-4　强迫弃水策略的优化调度结果

月份	水电站 1						水电站 2				水电站 3			
	蓄水量(亿 m³)	弃水(m³/s)	发电流量(m³/s)	水头(m)	电站出力(MW)	发电量(亿 kWh)	弃水(m³/s)	发电流量(m³/s)	电站出力(MW)	发电量(亿 kWh)	弃水(m³/s)	发电流量(m³/s)	电站出力(MW)	发电量(亿 kWh)
1	82.395	0	858.9	116.73	832.14	3.81	0	838.8	1 320	6.05	0	1 270	336.8	1.54
2	80.771	0	856.3	115.84	823.33	3.77	0	838.8	1 320	6.05	0	1 270	336.8	1.54
3	79.005	0	849.5	114.86	809.80	3.71	0	838.8	1 320	6.05	0	1 138	301.8	1.38
4	77.215	0	839.5	113.81	793.01	3.63	0	838.8	1 320	6.05	0	1 138	301.8	1.38
5	75.778	0	832.9	112.83	780.03	3.57	0	838.8	1 320	6.05	0	1 311	347.8	1.59
6	75.898	0	845.4	112.28	787.88	3.61	0	838.8	1 320	6.05	0	1 270	336.8	1.54
7	75.709	0	874.1	112.14	813.58	3.73	0	838.8	1 320	6.05	0	1 270	336.8	1.54
8	75.657	0	900.6	112.04	837.54	3.84	0	838.8	1 320	6.05	0	933	247.3	1.13
9	74.825	0	918.9	111.86	853.19	3.91	0	838.8	1 320	6.05	0	1 009	267.7	1.23
10	73.299	0	919.0	111.34	849.30	3.89	0	838.8	1 320	6.05	0	1 121	297.2	1.36
11	71.681	0	908.1	110.63	833.84	3.82	0	838.8	1 320	6.05	0	1 070	283.8	1.30
12	70.000	0	897.9	109.98	819.64	3.75	0	838.8	1 320	6.05	0	1 306	346.4	1.59

　　通过仿真分析,此时水电站2的蓄水量仍然满足自身的蓄水量约束条件,即存在一部分用水可以用来发电,但由于此时机组的发电引用流量已经达到最大,同时采用的是强迫弃水策略,因此这部分水能只能够存储在水电站2的水库中,而不能够用来发电。假如这一部分水能够被水电站3利用,那么整个梯级水电站的发电效益将会得到进一步的提高。可以看出,强迫弃水的弃水策略并没有真正实现水能的充分的、合理的分配和使用。

4.4.4 水库蓄能利用最大化的优化模型

通过4.2节可知,采用强迫的弃水策略,间接造成了水资源不能够得到充分合理的分配和使用,本书通过采用强迫弃水和有益弃水相结合的混合弃水策略来实现水资源的合理分配和整个梯级水电站发电效益的最大化。通过采用所建立的水库蓄能利用最大化的优化调度数学模型,可以在保证水电站1、2总发电量不变的情况下,利用水电站2在一些时段空闲的水量进行发电,来提高水电站3的发电量,最终实现整个梯级水电站的发电效益最大化,优化调度结果如表4.4-5所示。由表4.4-5可以看出,水电站1在整个调度期内没有产生有益弃水,这是由于水电站发电泄水流量足以满足水电站2发电效益的最大化,即使水电站1产生弃水,水电站2发电效益的提高也非常小,因此在目标函数和约束条件的作用下水电站1没有有益弃水的产生。水电站2有有益弃水产生,在其作用下可以增加水电站3的水库入流情况,进而提高水电站3的发电引用流量,实现机组的满发,因而本书所建立的蓄能利用最大数学模型可以在保证水电站1、2的发电效益不变的情况下,提高水电站3的综合发电效益。由此可以看出,有益弃水策略可以实现水资源在梯级水电站之间更加合理的分配。

对表4.4-4和表4.4-5计算结果进行比较,采用混合弃水策略的蓄能利用最大化优化调度模型可以使水电站3的年发电量由17.12亿kWh提高到22.2亿kWh,发电量提高约30%,使三个梯级水电站的发电量由134.76亿kWh提高到139.84亿kWh,三个梯级水电站年发电量提高约4%。由此可见,混合弃水策略使水资源得到充分合理的分配和使用,最终提高了梯级水电站总的发电效益,弥补了仅采用强迫弃水策略的不足。

表4.4-5 蓄能利用最大化的优化调度结果

月份	水电站1						水电站2					水电站3			
	弃水		发电流量 (m^3/s)	水头 (m)	电站出力 (MW)	发电量 $(亿kWh)$	弃水		发电流量 (m^3/s)	电站出力 (MW)	发电量 $(亿kWh)$	强迫弃水 (m^3/s)	发电流量 (m^3/s)	电站出力 (MW)	发电量 $(亿kWh)$
	有益 (m^3/s)	强迫 (m^3/s)					有益 (m^3/s)	强迫 (m^3/s)							
1	0	0	858.9	116.73	832.14	3.81	0.0	0	839	1 320	6.05	0	1 321	405	1.85
2	0	0	856.1	115.84	823.33	3.77	0.0	0	839	1 320	6.05	0	1 321	405	1.85
3	0	0	849.5	114.86	809.80	3.71	0.0	0	839	1 320	6.05	0	1 321	405	1.85
4	0	0	839.5	113.81	793.01	3.63	0.0	0	839	1 320	6.05	0	1 321	405	1.85

月份	水电站 1						水电站 2					水电站 3			
	弃水		发电流量 (m³/s)	水头 (m)	电站出力 (MW)	发电量 (亿 kWh)	弃水		发电流量 (m³/s)	电站出力 (MW)	发电量 (亿 kWh)	强迫弃水 (m³/s)	发电流量 (m³/s)	电站出力 (MW)	发电量 (亿 kWh)
	有益 (m³/s)	强迫 (m³/s)					有益 (m³/s)	强迫 (m³/s)							
5	0	0	832.9	112.83	780.03	3.57	0.0	0	839	1 320	6.05	0	1 321	405	1.85
6	0	0	845.4	112.28	787.88	3.61	0.0	0	839	1 320	6.05	0	1 321	405	1.85
7	0	0	874.1	112.14	813.58	3.73	213.1	0	839	1 320	6.05	0	1 321	405	1.85
8	0	0	900.6	112.04	837.54	3.84	186.0	0	839	1 320	6.05	0	1 321	405	1.85
9	0	0	918.9	111.86	853.19	3.91	375.0	0	839	1 320	6.05	0	1 321	405	1.85
10	0	0	919.0	111.34	849.30	3.89	294.0	0	839	1 320	6.05	0	1 321	405	1.85
11	0	0	908.1	110.63	833.84	3.82	352.0	0	839	1 320	6.05	0	1 321	405	1.85
12	0	0	897.9	109.98	819.64	3.75	323.0	0	839	1 320	6.05	0	1 321	405	1.85

4.5　小　结

基于水火电力联合运行的电力系统,为充分挖掘水电站的发电潜力,提升其对火电电源的互补能力,实现水火电力系统节能运行,本章主要做了以下工作:

(1)针对强迫弃水策略存在的不足之处,本书提出的有益弃水和强迫弃水融合的混合弃水策略,可以使水资源得到更加合理的利用。

(2)建立的水电站水头模型和蓄水量模型,在准确描述水电站水库物理特性的同时,减少了优化问题决策变量的个数,有助于提高求解效率。

(3)根据日调节水电站的特点,建立的蓄水量等效库容约束条件,可以揭示日调节性质水电站的水库蓄水量变化规律,有效地将具有日调节性质的水电站参与到中长期优化调度中去。

(4)经仿真分析综合发电效益可以提高约4%,因此所建水库蓄能利用最大化数学模型能够反映出水电站综合发电效益最大、有益弃水电量增益最大和末级电站强迫弃水电量最小,即可以合理利用水资源,有效提高梯级水电站的综合发电效益。

第5章　水火电力系统单目标
节能调度与优化方法

5.1　引　言

目前,水火电力系统作为清洁电源和火电电源互补运行的最主要形式,对促进电力系统节能运行、提高系统运行综合经济性具有非常重要的作用。根据水火电力系统节能运行理论的分析,要想充分发挥水火电力系统互补运行的优越性,就需以水电站和火电厂运行特性为基础,充分利用水电电源和火电电源间的互动特性,在保证水能资源可持续利用的前提下,尽最大可能减少燃煤等非可再生能源的使用量。

在梯级水电站与火电厂联合运行的电力系统中,梯级水电站可通过对水能资源的重复利用来提高水能资源的利用效益,充分发挥水电能源的置换作用,从而促进非可再生能源的节约,有利于实现电力系统的节能运行。但由于水电站受到自身运行特性,如水头特性、蓄水量特性、耗水特性、弃水特性等的影响,同时由于不同水电站间存在着强时空耦合特性,如果不能实现水电站间的合理协调,将会影响水电能源对火电能源的替代效益,不利于电力系统的节能运行。

本章以水能资源的可持续利用为前提,以水火电力系统间的互动特性为基础,以充分利用水能资源和节约燃煤等非可再生能源为目的,围绕着节能调度模型的构建和优化模型的求解主要进行了以下研究:

(1)水电站运行协调条件的构建方法。根据水火电力系统节能运行理论分析,需在保证水能资源可持续利用的前提下,最大程度上提高水电站的综合出力水平,充分发挥水电能源的替代效益。本章以水电站运行特性为基础,利用水电站水电转换特性、水头特性和发电流量之间的关系,构建以水电站出力最大为目标并且反映水头、水头损失和发电流量间关系的运行协调条件,并分析其在水电站运行中的作用。

(2)梯级水电站动态弃水模型的构建方法。影响梯级水电站运行综合经济性的因素很多,如径流随机性、环境因素、水库性质及国家政策等。除此之外,弃水也是影响其经济运行的一个非常重要的因素。与单一水电站不同,梯级水电站之间存在强时空耦合特性,水能资源可以被重复利用。为挖掘水电站的发电潜力,首先充分利用水电站的耦合特性和弃水特性,构建梯级水电站的动态弃水模型,以促进梯级水电站间水能资源的合理利用,提高梯级水电站在水火电力系统中的替代效益;其次通过优化的方法详细分析动态弃水策略在协调梯级水电站间水能资源利用方面的优越性。

(3)水火电力系统单目标节能调度模型的构建与求解方法。以梯级水电站动态弃水模型为基础,根据水火电力系统间的互动特性构建单目标节能调度模型;针对所建节能调度模型的大规模强非线性特点,采用改进的遗传仿电磁学算法进行求解。

5.2 水电站运行协调条件

5.2.1 运行协调条件的构建

水能资源在时空分布上具有随机性和不均衡性,水电站在进行电能生产时就需要充分考虑水能资源的分布情况,以便合理高效地利用水能资源。根据水电站运行实践表明,有调节电站在蓄水期一般采用加大出力的运行方式,以便提高水能资源的利用效益及减少弃水的产生;供水期要合理抬高水头,在增发电量的同时保证水能资源的可持续利用。上述运行策略的根本目的就是促进水能资源的可持续高效利用。

当采用上述运行策略时,如果没有充分考虑水电站水电转换特性中发电流量和水头间相互耦合、相互作用、相互影响的关系,水电站也会出现运行不经济的情况,如:在蓄水期通过增加发电流量来提高水电站出力的方式有时反而会减少水电站的出力;而对于梯级水电站而言,由于水电站间强时空耦合特性,在供水期过分追求高水头反而不利于提高水电站运行的综合经济性。在水电站运行中如何构建合理的反映发电流量和水头间互动关系的水电站运行协调条件,对促进水电站用水计划的合理性和电站运行的综合经济性具有重要作用。

在节能调度运行机制下,要求优先利用清洁能源、促进能源节约、减少环境污染。在水火互补运行的电力系统中,要优先利用水电能源且需要在满足水能资源可持续利用的前提下挖掘水电站的发电潜力,以充分发挥水电能源对火电能源的替代作用,因此水电站运行协调条件的构建要以水电站出力最

大化为前提条件。根据水电站运行特性分析,在 $t_0 \sim t_1$ 时段内水电站生产的电能可表示为

$$E_H = \int_{t_0}^{t_1} 9.81 \eta Q H \mathrm{d}t \qquad (5\text{-}1)$$

对于已建水电站,水头损失主要与发电流量 Q 大小有关,Q 越大水头损失的值就越大,它们之间一般成非线性关系。根据水电站水头特性描述,水头损失 $h_L(Q)$ 与发电流量 Q 之间的关系通常可采用二次函数进行描述[131-133],其数学模型如式(2-16)所示。若 Q_1 为水电站的入库流量,函数 $H_Z(Q_1,Q)$ 表示水电站运行总水头,则水电站的发电净水头可采用总水头和水头损失之差表示,其数学模型可表示为

$$H = H_Z(Q_1,Q) - (k_q Q^2 + k_f Q + k_c) \qquad (5\text{-}2)$$

根据式(5-1)和式(5-2),水电站在 $t_0 \sim t_1$ 时段内生产的电能可表示为

$$E_H = \int_{t_0}^{t_1} 9.81 \eta Q [H_Z(Q_1,Q) - (k_q Q^2 + k_f Q + k_c)] \mathrm{d}t \qquad (5\text{-}3)$$

根据最优化理论,在 $t_0 \sim t_1$ 时段内水电站要获得最大发电量的必要条件为 E_H 对入库流量 Q_1 及发电流量 Q 的偏导数为0,即

$$\begin{cases} \dfrac{\partial E_H}{\partial Q_1} = \int_{t_0}^{t_1} 9.81 \eta Q \dfrac{\partial H_Z}{\partial Q_1} \mathrm{d}t = 0 \\[3mm] \dfrac{\partial E_H}{\partial Q} = \int_{t_0}^{t_1} 9.81 \eta \left\{ H_Z(Q_1,Q) - (k_q Q^2 + k_f Q + k_c) + Q \left[\dfrac{\partial H_Z}{\partial Q} - (2k_q Q + k_f) \right] \right\} \mathrm{d}t = 0 \end{cases}$$
$$(5\text{-}4)$$

在 $t_0 \sim t_1$ 时段内,由于水电站入库流量 Q_1 和发电流量 Q 都处在持续变化之中,从而会改变水库的前池水位 Z_u 和尾水水位 Z_d,所以总水头 $H_Z(Q_1,Q)$ 是一变动值,必要条件式(5-4)所确定的水电站获得最大发电量时的总水头 $H_Z(Q_1,Q)$ 与入库流量 Q_1 和发电流量 Q 有关系,因此总水头 $H_Z(Q_1,Q)$ 与发电流量 Q 间的最佳协调关系比较复杂。在水电站实际运行中,通常采用调度时段的平均水头来代替瞬时水头,即认为在调度时段 $t_0 \sim t_1$ 内,总水头 H_Z 为一恒定值,由此 $\partial E_H / \partial Q_1 = 0$ 可以认为是一恒等式,该条件始终被满足,$\partial E_H / \partial Q = 0$ 可以被表示为

$$\frac{\partial E_H}{\partial Q} = \int_{t_0}^{t_1} 9.81 \eta [H_Z(Q_1,Q) - (3k_q Q^2 + 2k_f Q + k_c)] \mathrm{d}t = 0 \qquad (5\text{-}5)$$

在式(5-5)中由于是对时间求取积分,Q 在 $t_0 \sim t_1$ 假定用平均流量表示,因此式(5-5)可表示为

$$\frac{\partial E_{\mathrm{H}}}{\partial Q} = 9.81\eta\big[H_{\mathrm{Z}}(Q_1,Q) - (3k_{\mathrm{q}}Q^2 + 2k_{\mathrm{f}}Q + k_{\mathrm{c}})\big]\int_{t_0}^{t_1}\mathrm{d}t$$

$$= 9.81\eta\big[H_{\mathrm{Z}}(Q_1,Q) - (3k_{\mathrm{q}}Q^2 + 2k_{\mathrm{f}}Q + k_{\mathrm{c}})\big](t_1 - t_0)$$

$$= 9.81\eta\big[H_{\mathrm{Z}}(Q_1,Q) - (3k_{\mathrm{q}}Q^2 + 2k_{\mathrm{f}}Q + k_{\mathrm{c}})\big]\Delta t \qquad (5\text{-}6)$$

在式(5-6)中,很显然 η 和 Δt 大于 0,因此只有当 $H_{\mathrm{Z}}(Q_1,Q) - (3k_{\mathrm{q}}Q^2 + 2k_{\mathrm{f}}Q + k_{\mathrm{c}})$ 的值为零时,等式才成立,即

$$H_{\mathrm{Z}}(Q_1,Q) - (3k_{\mathrm{q}}Q^2 + 2k_{\mathrm{f}}Q + k_{\mathrm{c}}) = 0 \qquad (5\text{-}7)$$

根据式(5-7)可得到发电总水头 H_{Z} 与发电流量 Q 的协调关系,即水电站运行协调条件, $H_{\mathrm{Z}}(Q_1,Q)$ 为固定量,用 H_{Z} 表示,则运行协调条件的数学模型可以表示为

$$Q = \frac{-k_{\mathrm{f}} + \sqrt{k_{\mathrm{f}}^2 - 3k_{\mathrm{q}}(k_{\mathrm{c}} - H_{\mathrm{Z}})}}{3k_{\mathrm{q}}} \qquad (5\text{-}8)$$

式(5-8)表示的物理含义为在一个调度时段内,若其运行总水头 H_{Z} 已知,则有一个最佳发电流量 Q 与该水头相对应能使水电站获得最大的机组出力。

5.2.2 运行协调条件的作用分析

5.2.2.1 在单一水电站运行中的作用分析

运行协调条件建立是以水电站运行特性为基础,通过协调水头、水头损失和发电流量间关系来实现水电机组出力的最大化,以充分发挥水电站的替代效益。下面以某水电站为例详细分析运行协调条件在单一水电站运行中的作用。图5.2-1描述了某水电站在已知总水头下发电净水头、水头损失、机组出力和发电流量间的关系。 P_{opt} 为在特定水头下机组最大出力; Q_{opt} 为机组最大出力时对应的发电流量,由式(5-8)确定; Q_{max} 为水电机组允许的最大发电流量。

根据图5.2-1可以看出,当发电流量从0增加到 Q_{opt} 时,机组出力随发电流量的增加而增大;当发电流量达到 Q_{opt} 时,在特定水头下机组出力达到最大值 P_{opt} ;当发电流量大于 Q_{opt} ,由于水电站水头损失过大,机组出力反而会随着发电流量的增加而减小,也正是在有些情况下水电站总水头基本不变的情况下通过增加发电流量反而不能提高机组出力的重要原因。水电站运行的经济性不仅和水能资源的时空分布及水电站蓄水量特性有关,还与水电站水头特性和用水特性有关。因此可以看出,在单一水电站中,运行协调条件的主要作用在于根据已知水能资源分布情况,以水电站水电转换特性和运行特性为

基础,来确定反映水电站水头、水头损失和发电流量间互动耦合关系的最佳发电流量,在保证水能资源可持续利用的前提下促进水能资源的充分合理利用,以便最大程度地提高水电站的发电潜力,发挥水电站在电力系统中的替代效益。

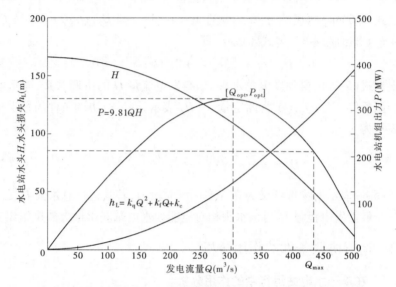

图 5.2-1　水电站净水头、水头损失、机组出力与发电流量间关系

5.2.2.2　在梯级水电站运行中的作用分析

梯级水电站间复杂的水力和电力联系,使得运行协调条件对单一水电站运行特性的影响必然影响到水电站间的用水特性和相互间的协调关系,最终将影响到梯级水电站运行的综合经济性。由于梯级水电站间强时空耦合特性,难以直接应用运行协调条件对单一水电站作用的分析方法来分析其对梯级水电站运行特性的影响,在此可采用优化的方法来分析运行协调条件对梯级水电站运行的影响规律,为建立合理的水火电力系统节能调度模型提供提论依据。

1. 优化目标数学模型的构建

利用优化的方法分析运行协调条件对梯级水电站影响规律的关键在于优化目标的选取。根据水火电力系统互动特性,要充分实现燃煤等非可再生能源的节约,就要充分发挥水电站的替代效益,因此选取的指标之一是梯级水电站在整个调度周期内发电量最大化;而运行协调条件确定的发电流量是单一水电站在已知水头下获得最大出力时的最佳流量,可采用实际发电流量与协调条件确定的最佳发电流量间偏差来分析水电站水能资源综合利用情况,当实际发电流量大于最佳发电流量时水电站运行不经济,本书中选择实际发电流量与最佳发电流量正的偏差平方和最大作为优化目标。采用优化的方法分析协调条件对梯级水电站运行特性影响规律的优化目标数学模型可表示为

$$f_1 = \max \sum_{i=1}^{N} \sum_{t=1}^{T} \left[9.81 \eta_i Q_i(t) H_i(t) \Delta t \right] \tag{5-9}$$

$$\begin{cases} f_2 = \max \sum_{i=1}^{N} \sum_{t=1}^{T} g_{i,+}^2(t) \\ g_{i,+}(t) = \max \left[Q_i^{\text{best}}(t) - Q_i(t), 0 \right] \end{cases} \tag{5-10}$$

式中:N 为梯级水电站总数;T 为调度时段总数;η_i 为水电站 i 机组的发电效率;$Q_i(t)$ 为水电站 i 在 t 调度时段的机组发电流量;$H_i(t)$ 为水电站 i 在 t 调度时段的发电净水头;$Q_i^{\text{best}}(t)$ 为由式(5-8)确定的水电站 i 在 t 调度时段获得最大机组出力时的机组发电流量;$g_{i,+}(t)$ 为发电流量正的偏差量。

2. 广西红水河梯级水电站描述

为分析运行协调条件对梯级水电站运行特性的影响,本书采用广西红水河梯级水电站进行仿真分析。红水河属于珠江流域西江水系干流,水能资源丰富,在该流域规划建设的水电站有天生桥一级、天生桥二级、平班、龙滩、岩滩、大化、百龙滩、乐滩、桥巩和大藤峡 10 个梯级水电站,总装机容量达到 13 443 MW,其中前 8 个梯级水电站建成比较早,已为广西提供了大量清洁的水电能源。本书就以前 8 个梯级水电站来分析运行协调条件对其运行特性的作用规律。表 5.2-1 所示为前 8 级梯级水电站的主要水能指标。

表 5.2-1　红水河梯级水电站主要水能指标

项目	单位	天生桥一级	天生桥二级	平班	龙滩	岩滩	大化	百龙滩	乐滩
调节性质	—	多年	日	日	年	季	日	日	日
正常蓄水位	m	780	645	440	375	223	157	125	112
正常蓄水位库容	亿 m³	83.95	0.26	2.11	162.1	26.12	4.19	3.4	4.02
死水位	m	731	637	437.5	330	212	153	124	110
死水库容	亿 m³	25.99	0.076	1.842	50	16.12	3.23	3.353	3.56
调节库容	亿 m³	57.96	0.184	0.268	112.1	10.5	0.96	0.047	0.46
总库容	亿 m³	102.6	0.88	2.78	162.1	33.8	8.76	3.4	9.5
单机容量	MW	300	220	135	700	302.5	114	32	150
机组个数	台	4	6	3	7	4	4	6	4
设计水头	m	110.7	176	34	125	60.8	22	9.7	18.3

3.运行协调条件对梯级水电站运行特性的作用规律

由水电站水电转换特性和运行特性可知,要分析运行协调条件对梯级水电站运行特性的作用规律,就需知道水库前池水位和蓄水量间及水头损失与发电流量间的数学关系。根据各梯级水电站运行历史数据,通过拟合得到水库前池水位和蓄水量间及水头损失与发电流量间的关系,其中水库前池水位和蓄水量间采用包含幂函数的多项式模型进行拟合,其数学模型为

$$Z_u = k_0 (V)^{k_1} + k_2 \tag{5-11}$$

在水头损失的二次模型中,为简化计算可不考虑水头损失的一次项系数和常数项。红水河梯级水电站详细水库特征系数如表 5.2-2 所示。

表 5.2-2　梯级水电站水库特征系数

系数	天生桥一级	天生桥二级	平班	龙滩	岩滩	大化	百龙滩	乐滩
k_0	− 448.4	− 7.755	425.6	3.305e − 22	− 225	− 389.1	61.69	91.11
k_1	− 0.301 7	− 0.388	0.044 7 7	9.204	− 0.188 5	− 3.489	0.577	0.148 3
k_2	898.2	658.1	0	0	343.5	159.63	0	0
k_q	6.2×10^{-4}	4.6×10^{-3}	6.31×10^{-5}	1.42×10^{-4}	7.56×10^{-5}	2.4×10^{-5}	2.5×10^{-5}	8×10^{-6}

权重系数法作为一种求解多目标优化问题的方法,在求解具有两个目标的优化问题时可以通过有规律地改变各优化目标权重系数值来分析当目标函数重要性改变时对优化结果的影响规律。本小节建立具有两个目标的优化模型的目的就是通过改变各目标的重要性来分析运行协调条件对梯级水电站运行特性的影响规律,因此可利用权重系数法来求解该多目标优化问题。当利用权重系数法对多目标优化问题求解时,本质上是通过权重系数将其转换为单目标优化问题,ω_1、ω_2 表示权重系数,则转换后运行协调条件优化数学模型可以表示为

$$\begin{cases} f = \max(\omega_1 f_1 + \omega_2 f_2) \\ \omega_1 + \omega_2 = 1 \end{cases} \tag{5-12}$$

以一天 24 时段为调度周期,通过对不同权重系数下运行协调条件优化模型进行仿真,并从梯级水电站用水量、弃水量、发电水头和发电量等四个方面进行比较来分析运行协调条件对梯级水电站运行特性的影响。为简化分析,只对 $\omega_2 = 0$、$\omega_2 = 0.5$ 和 $\omega_2 = 1$ 三种情况下的方案进行仿真,其中 $\omega_2 = 0$ 表示梯级水电站在整个调度周期内以发电量最大为优化目标;$\omega_2 = 1$ 表示在整

个调度周期内以发电流量与最佳发电流量的偏差平方和最大为优化目标；$\omega_2 = 0.5$ 表示将目标函数协调后作为优化目标。表 5.2-3 为不同权重系数下梯级水电站优化结果；图 5.2-2 为调度周期内不同权重系数下梯级水电站发电净水头的变化情况；图 5.2-3 为调度周期内不同权重系数下梯级水电站时段发电量的变化情况；图 5.2-4 为调度周期内不同权重系数下梯级水电站水库蓄水量的变化情况。

表 5.2-3　梯级水电站优化结果

项目	单位	权重系数 ω_2	天生桥一级	天生桥二级	平班	龙滩	岩滩	大化	百龙滩	乐滩
日用水量	亿 m³	0	0.364	0.383	0.479	0.541	0.295	1.118	0.623	0.776
		0.5	0.374	0.368	0.178	0.540	0.294	0.819	0.450	0.513
		1	0.382	0.284	0.178	0.540	0.294	0.606	0.373	0.512
日弃水量	m³	0	1.76	7.84	0	0	0	23.56	1.65	0
		0.5	22.25	35.90	0	0	0	23.01	0	0
		1	36.76	36.95	0	0	0	34.24	0	0
日平均水头	m	0	155.7	237.8	47.0	185.8	90.5	28.3	14.0	25.7
		0.5	158.5	242.7	51.1	185.8	90.5	29.5	14.4	26.3
		1	158.1	245.1	51.0	185.8	90.5	31.2	14.5	26.2
日发电量	亿 kWh	0	0.130	0.194	0.046	0.235	0.058	0.056	0.017	0.042
		0.5	0.109	0.105	0.019	0.235	0.058	0.039	0.013	0.029
		1	0.088	0.105	0.019	0.235	0.058	0.029	0.011	0.028

根据表 5.2-3 优化结果可知，当以调度周期内梯级水电站发电量最大作为优化目标时，天生桥一级水电站的日用水量最小，为 0.364 亿 m³；而当以发电流量正的偏差平方和最大作为优化目标时，天生桥一级水电站日用水量最大，为 0.382 亿 m³；三种不同权重系数下优化目标对龙滩和岩滩水电站的用水特性影响不大，但协调条件的融入却可以明显改变其他几个梯级水电站的用水量。总体而言，在调度期以梯级水电站发电量最大作为优化目标时，总日用水量最大，为 4.579 亿 m³；以实际发电流量与最佳发电流量正的偏差平方和最大作为优化目标时，总日用水量最小，为 3.169 亿 m³。

梯级水电站间具有强时空耦合特性，因此可将 8 个梯级水电站看作一个

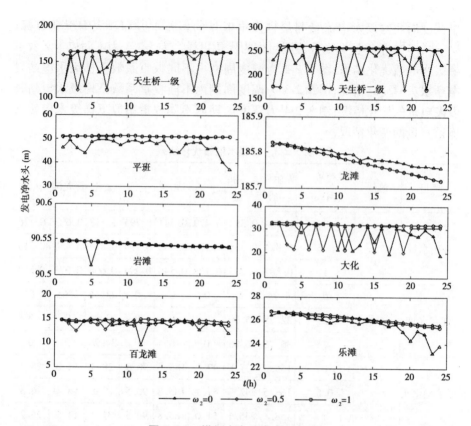

图 5.2-2　梯级水电站发电净水头

整体,只要最后一级水电站不产生弃水,即可认为在整个调度周期内水电站没有弃水产生,从这个角度讲,在 3 种不同权重系数下梯级水电站均没有产生弃水。但对于单一水电站而言,下泄流量只要没有被本级水电站用来进行水电转换就认为产生弃水。根据表 5.2-3 优化结果可以看出,梯级水电站的弃水主要集中在天生桥一级、天生桥二级和大化 3 个水电站。当以发电量最大作为优化目标时,整个梯级水电站的日弃水量最小,为 34.81 m^3;当以实际发电流量与最佳发电流量正的偏差平方和最大作为优化目标时,日弃水量最大,为 107.95 m^3。梯级水电站中弃水产生的本质是水能资源在梯级水电站间的再分配,以发电量最大作为优化目标时,弃水产生的目的是通过水资源的再分配以便在调度期内获得最大发电量;以实际发电流量与最佳发电流量正的偏差平方和最大作为优化目标时,弃水产生的目的是通过水资源的再分配以便在调度期内获得最佳的用水效益。

运行协调条件的融入对水电站的发电净水头也将产生影响,由表 5.2-3

可知,以实际发电流量与最佳发电流量正的偏差平方和最大作为优化目标时,可有效地提高各水电站在调度时段内的发电净水头,虽然当 $\omega_2 = 0.5$ 时天生桥一级和乐滩水电站的平均日发电净水头比 $\omega_2 = 1$ 时的平均日发电净水头大,但对于整个梯级水电站而言,$\omega_2 = 1$ 比 $\omega_2 = 0.5$ 时的发电净水头要大。由图 5.2-2 可明显看出,$\omega_2 = 0.5$ 及 $\omega_2 = 1$ 时的发电净水头与 $\omega_2 = 0$ 时的相比得到较大提高。

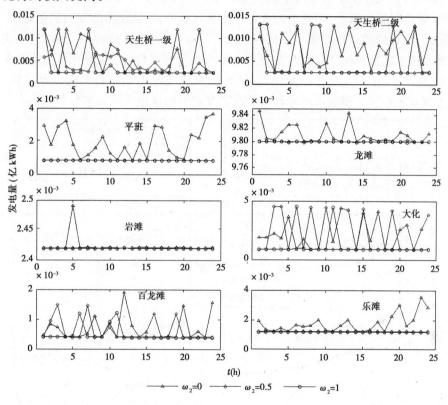

图 5.2-3　梯级水电站发电量

由图 5.2-3 可以看出,运行协调条件的融入对梯级水电站出力也将造成影响,进而会影响到水电站在调度期内的总发电量。就单一水电站而言,运行协调条件的融入对天生桥一级、天生桥二级、平班、大化、百龙滩、乐滩水电站的出力影响较大。就梯级水电站而言,由表 5.2-3 可知,以发电量最大作为优化目标时日发电量最大,为 0.78 亿 kWh,其单位用水的发电量为 0.168 kWh;以实际发电流量与最佳发电流量正的偏差平方和最大作为优化目标时日发电量最小,为 0.57 亿 kWh,其单位用水的发电量为 0.183 kWh;协调目标函数对应调度期内梯级水电站发电量为 0.61 亿 kWh,其单位用水的发电量为 0.173 kWh。

　　根据上述分析,运行协调条件的融入对梯级水电站的水电转换特性、弃水特性、水头特性、用水特性等都会产生影响,且以调度期内发电量最大为优化目标时,总的发电量最大,但其平均运行发电净水头最低,单位用水的发电量也最小;以实际发电流量与最佳发电流量正的偏差平方和最大作为优化目标时,发电量虽然最小,但其平均发电净水头也最高,单位用水的发电量也最大。因此,运行协调条件的融入可实现电能生产和水能资源利用间的协调,其本质是通过水能资源再分配而改变各水电站水库蓄水量特性,进而对水电站的水头、弃水、发电用水等产生影响,最终影响到梯级水电站运行的综合经济性。不同权重系数下梯级水电站蓄水量在调度期内的变化情况如图 5.2-4 所示。

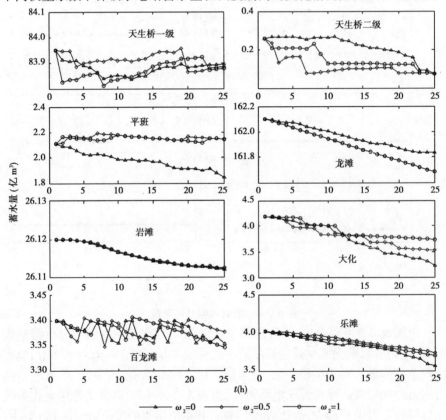

图 5.2-4　梯级水电站动态蓄水量

5.3　水火电力系统单目标节能调度数学模型

5.3.1　建模思路

在水火电联合运行的电力系统中,水电电源和火电电源间相互作用、相互影响,水能资源利用的合理性对水电站和火电厂运行经济性均会产生影响。因此,在水火电力系统节能调度中,要充分利用水火电力系统间的互动特性,实现水电电源和火电电源间合理协调,以促进水能资源的合理高效利用和燃煤等非可再生能源的节约。

根据水火电力系统互动特性理论分析,水电电源在促进燃煤等非可再生能源节约和提高火电厂运行经济性方面的效益主要有均衡效益和替代效益两方面。均衡效益是指当水电电源承担部分电力负荷后使火电电源各调度时段承担的负荷尽量平稳,尽最大可能使火电厂在满足相关约束情况下按照等微增率准则运行,以实现燃煤等非可再生能源的节约;替代效益是指根据水能资源分布情况和水电站运行特性,充分提高水电站综合出力,减少火电厂承担的电力负荷,从而促进燃煤等非可再生能源的节约。当水电电源出力水平已知情况下,利用最优化理论可确定火电厂需承担的最佳负荷,从而获得火电厂运行的均衡效益;对于水电站而言,只有在保证水能资源可持续利用的前提下,充分利用水电站的运行特性,合理协调发电用水、水头、弃水间的关系,才能提高水电站的综合出力水平,发挥水电站的替代效益。

水电站运行协调条件是在水火电互补运行特性基础上,以水电转换特性为基础,以实现水电站出力最大为目的并考虑发电用水、发电水头、水头损失间关系的前提下而构建的。由运行协调条件的作用分析可知,其可以改变水电站水库的蓄水规律,实现水电站发电量与发电用水间的协调,提高水电站运行的综合经济性。如果在水火电力系统中考虑水电站运行协调条件,可充分挖掘水电站的发电潜力,提高水电站的替代效益,有利于燃煤等非可再生能源的节约。

本书以水火电力系统间互动特性为基础,综合考虑水电站弃水特性和梯级水电站水能资源重复利用特性,利用水电站运行协调条件构建水电站运行的动态弃水模型,并以此为基础建立水火电力系统节能调度模型,以便最大程度上利用水能资源,从而提高梯级水电站综合出力水平,减少燃煤等非可再生能源的使用量,促进电力系统的节能运行。

5.3.2 水电站动态弃水数学模型

5.3.2.1 单一水电站弃水数学模型

在水电站运行过程中,由于水库调节特性的制约和水能资源分布不均衡性等客观原因的影响,水电站有时不可避免地产生弃水;但有时因为水能资源预测不准确、用水计划制订的不合理、发电计划和负荷间的不匹配等主观原因也会造成水电站运行过程中弃水的产生。对于单一水电站而言,弃水意味着水能资源没有得到充分利用,会降低水电站运行的综合经济性,因此在水电站运行中应尽量避免主观原因造成弃水的产生,如提高水能资源预测的准确性、制订合理的调度计划等[134,135]。

当水电站无法避免弃水产生时,需要确定合理的弃水方法,以便使水能资源得到最充分的利用,提高水电站运行的综合经济性。目前,广泛使用的强迫弃水策略是以水电站允许的最大发电流量作为弃水界限,其实质是尽最大可能将水能资源存储到水库中,不仅能使水电站产生最少的弃水,而且可提高水电站的运行水头,能显著提高水电站运行的综合经济性。但由于强迫弃水策略没有考虑水电站水电转换时水头、水头损失和发电流量间的协调关系,有时仍然会存在水电站运行不经济的情况。在图 5.2-1 中,假定水电站水库水位已经达到设定的最高水位,而此时水电站的发电流量小于入库流量且小于 Q_{opt} 和 Q_{max}。若此时以 Q_{max} 作为弃水界限将会减少水能到电能的转换效益,而以 Q_{opt} 作为弃水界限虽然将会增加水电站总的弃水量,但却能够提高水能利用的综合效益和水电站运行的综合经济性,如果水电站实际运行中 Q_{opt} 小于 Q_{max},以 Q_{max} 为弃水界限仍然是合理的。因此,在水电站运行中应该以 Q_{opt} 和 Q_{max} 中最小者作为弃水界限,以式(2-22)的弃水模型为理论基础,单一水电站的弃水模型可表示为

$$\begin{cases} Z_u = Z_{u,max} \\ Q_I > \min(Q_{opt}, Q_{max}) \\ S = Q_I - \min(Q_{opt}, Q_{max}) \end{cases} \tag{5-13}$$

在式(5-13)的弃水模型中,保留了强迫弃水策略中尽最大可能将水能资源存储到水库中的优点,同时由于融入运行协调条件所确定的最佳发电流量 Q_{opt},能够反映水头、水头损失和发电流量间的协调关系,可有效实现发电用水和发电量间的协调,与强迫弃水策略相比将更能促进水能资源的合理高效利用,有利于水电站运行综合经济性的提高。与强迫弃水策略相比,其弃水界限将不是一个固定值,不仅和水电站允许的最大发电流量 Q_{max} 有关,而且与

水电站调度时段的蓄水量、运行总水头、水头损失等因素有关，该弃水策略称为动态弃水策略。

5.3.2.2 梯级水电站弃水数学模型

由梯级水电站运行特性分析可知，水电站间固有的时空耦合特性使得上游电站的水能资源可以被下游电站重复利用，若直接将从单一水电站运行角度考虑的动态弃水策略用于梯级水电站运行中，因忽略了电站间的水能资源的重复利用特性，还不能够真正实现水能资源在梯级水电站间的充分利用，需在单一水电站动态弃水模型的基础上，建立反映弃水重复利用特征的梯级水电站动态弃水模型。

在梯级水电站运行理论中，以水能资源重复利用特性为理论依据，以最大程度上提高水电站水电转换能力为最终目的，在保证水能资源可持续利用的前提下，提出了从全局考虑的有益弃水策略，可以显著提高水电站的发电量[136]。若将梯级水电站的有益弃水策略和单一水电站的动态弃水策略相融合，建立从局部和全局考虑的动态弃水模型，将能进一步挖掘水电站的发电潜力，提高其在水火电力系统中的替代效益，促进燃煤等非可再生能源的节约，提高水火电力系统运行的综合经济性。

$Z_{u,i}$、$Z_{u,max,i}$ 分别为水电站 i 的水库前池水位和允许的最高蓄水水位；$Q_{opt,i}$ 为水电站 i 的水头和水头损失确定的最佳发电流量。根据单一水电站动态弃水策略的数学模型和梯级水电站有益弃水策略的基本原理，梯级水电站动态弃水策略的数学模型可表示为

$$\begin{cases} Z_{u,i} \leqslant Z_{u,max,i} \\ Q_i = \min(Q_{opt,i}, Q_{max,i}) \\ \Delta E_i < \sum_{i=i+1}^{N} \Delta E_i \\ S = Q_0 - \min(Q_{opt}, Q_{max}) \end{cases} \tag{5-14}$$

由式(5-14)可知，所构建的梯级水电站动态弃水模型考虑了单一水电站运行时发电用水和发电量间的协调关系、水电站时空耦合特性和梯级水电站间的水能资源重复利用特性，通过局部利益和全局利益间的合理协调，能够促进水能资源得到更加充分合理的利用，发挥水电能源在水火电力系统中的互补优势。

5.3.3 采用动态弃水策略的水火电力系统节能调度模型

本书所构建的节能调度模型主要针对含有梯级水电站的水火电力系统。

按照节能发电调度实施办法中提高能源利用效率、节约能源、减少环境污染等要求,水火电力系统节能调度问题的优化准则为:在满足电力负荷需求和水能资源可持续利用的前提下优先利用水电能源;根据水电站水电转换特性和运行特性制订以水能资源充分利用和提高水电站综合出力水平为目的的蓄放水策略,尽最大可能发挥水电能源的替代作用;对火电厂间合理协调,提高自身运行的均衡效益,减少燃煤等非可再生能源的使用量。

在考虑上述优化准则和梯级水电站动态弃水策略下的水火电力系统节能调度数学模型的优化目标为调度期内火电厂的燃煤等非可再生能源的消耗量最小;约束条件包括电力系统的负荷平衡约束,水电站和火电厂的物理约束、运行约束等。融入梯级水电站动态弃水策略的水火电力系统节能调度数学模型为

$$f = \min \sum_{t=1}^{T} \sum_{j=1}^{M} \left\{ \left[A_j P_{\text{Th},j}^2(t) + B_j P_{\text{Th},j}(t) + C_j \right] U_j(t) + \right.$$

$$\left. SU_j U_j(t) \left[1 - U_j(t-1) \right] + SD_j U_j(t-1) \left[1 - U_j(t) \right] \right\} \quad (5\text{-}15)$$

$$\sum_{i=1}^{N} P_{\text{H},i}(t) + \sum_{j=1}^{M} \left[U_j(t) P_{\text{Th},j}(t) \right] + P_{\text{L}}(t) = P_{\text{D}}(t) \quad (5\text{-}16)$$

$$U_j(t) P_{\text{Th},j}^{\min} \leqslant P_{\text{Th},j} \leqslant U_j(t) P_{\text{Th},j}^{\max} \quad (5\text{-}17)$$

$$P_{\text{H},i}^{\min} \leqslant P_{\text{H},i} \leqslant P_{\text{H},i}^{\max} \quad (5\text{-}18)$$

$$H_i^{\min} \leqslant H_i \leqslant H_i^{\max} \quad (5\text{-}19)$$

$$V_i^{\min} \leqslant V_i \leqslant V_i^{\max} \quad (5\text{-}20)$$

$$0 \leqslant S_i \leqslant S_i^{\max} \quad (5\text{-}21)$$

$$Q_i^{\min} \leqslant Q_i \leqslant \min(Q_i^{\max}, Q_i^{\text{opt}}) \quad (5\text{-}22)$$

$$V_i(t) = \begin{cases} V_i(t-1) + \left[q_i(t) - Q_i(t) - S_i(t) \right] \Delta t \\ V_i(t-1) + \left[Q_{i-1}(t-\tau) + S_{i-1}(t-\tau) + q_i(t) - Q_i(t) - S_i(t) \right] \Delta t \end{cases}$$

$$(5\text{-}23)$$

$$Q_{i-1}(t-\tau) + S_{i-1}(t-\tau) + q_i(t) - Q_i(t) - S_i(t) = 0 \quad (5\text{-}24)$$

$$V_i(0) = V_{0,i}, \quad V_i(T) = V_{\text{T},i} \quad (5\text{-}25)$$

$$Q_i^{\text{opt}} = \frac{-k_{\text{f},i} + \sqrt{k_{\text{f},i}^2 - 3k_{\text{q},i} \left[k_{\text{c},i} - H_{\text{Z},i}(t) \right]}}{3k_{\text{q},i}} \quad (5\text{-}26)$$

$$S_i = Q_{0,i} - \min(Q_i^{\text{opt}}, Q_i^{\max}) \quad (5\text{-}27)$$

$$P_{\text{H},i}(t) = 9.81 \eta_i Q_i(t) \left[\frac{Z_i(t-1) + Z_i(t)}{2} - Z_{\text{D},i}(t) - \Delta H_{\text{L},i}(t) \right]$$

$$(5\text{-}28)$$

$$\sum_{i=1}^{N} \max \left(P_{\mathrm{H},i}^{\max} - P_{\mathrm{H},i}(t), MSR_{\mathrm{H},i} \right) + \sum_{j=1}^{M} \max \left(P_{\mathrm{Th},i}^{\max} - P_{\mathrm{Th},i}(t), MSR_{\mathrm{Th},j} \right) \geqslant MSSR$$

$$(5\text{-}29)$$

式(5-15)为节能调度模型的优化目标,其反映了火电厂燃料的节约和水电能源的优先利用。A_j、B_j、C_j 为火电厂 j 的燃料耗量特性系数;$U_j(t)$ 为火电厂 j 的启停状态;SU_j、SD_j 分别为火电厂 j 的启动耗量和停机耗量。

式(5-16)为系统负荷平衡约束条件,反映了电力供应的实时平衡特性。$P_{\mathrm{L}}(t)$ 为调度时段 t 的电网网损;$P_{\mathrm{D}}(t)$ 为调度时段 t 的系统有功负荷。

式(5-17)为火电厂 j 允许的出力范围限制条件。$P_{\mathrm{Th},j}^{\min}$、$P_{\mathrm{Th},j}^{\max}$ 分别为火电厂 j 的最小出力和最大出力。

式(5-18)~式(5-28)为反映水电站运行特性的约束条件。式(5-18)为水电站 i 有功出力限制条件;式(5-19)为水电站 i 运行水头限制条件;式(5-20)为水电站 i 蓄水量限制条件;式(5-21)为水电站 i 弃水限制条件;式(5-23)为有调节梯级水电站的蓄水量平衡条件;式(5-24)为径流式梯级水电站的蓄水量平衡条件;式(5-25)为水电站 i 调度时段初末的蓄水量约束条件;式(5-26)为水电站 i 时段 t 的最佳发电流量计算公式;式(5-27)为水电站 i 时段 t 的动态弃水流量计算公式;式(5-28)为水电站 i 的水电转换数学模型。$P_{\mathrm{H},i}^{\min}$、$P_{\mathrm{H},i}^{\max}$ 分别为水电站 i 的最小出力和最大出力;$H_i^{\min}$、$H_i^{\max}$ 分别为水电站 i 的最小运行水头和最大运行水头;$V_i^{\min}$、$V_i^{\max}$ 为水电站 i 允许的最小蓄水量和最大蓄水量;$S_i^{\max}$ 为水电站 i 可以产生的最大弃水;$Q_i^{\min}$、$Q_i^{\max}$ 为水电站 i 允许的最小发电流量和最大发电流量;Q_i^{opt} 为由运行协调条件确定的最佳发电流量;τ 为上游水电站的下泄用水流到相邻下游水电站的时滞系数;$V_{0,i}$、$V_{\mathrm{T},i}$ 为水电站 i 调度周期初末蓄水量;$k_{\mathrm{f},i}$、$k_{\mathrm{q},i}$、$k_{\mathrm{c},i}$ 为水电站 i 水头损失的特征系数;$H_{\mathrm{Z},i}(t)$ 为水电站 i 在时段 t 的运行总水头;$Z_{\mathrm{D},i}(t)$ 为水电站 i 在时段 t 的尾水水位;$\Delta H_{\mathrm{L},i}(t)$ 为水电站 i 在时段 t 的水头损失。

式(5-29)为系统旋转备用约束,系统旋转备用容量可按照占系统承担时段最大负荷的比例确定。$MSR_{\mathrm{H},i}$ 为水电站 i 允许的最大旋转备用;$MSR_{\mathrm{Th},j}$ 为火电厂 j 允许的最大旋转备用;$MSSR$ 为系统总的旋转备用。

5.4　节能调度模型求解的混合仿电磁学算法

5.4.1　遗传仿电磁学算法

水火电力系统节能调度模型中包含了大量的等式和不等式约束条件且具

有很强的非线性,采用人工智能算法对其求解将具有明显优势,本书采用仿电磁学算法对其求解。由理论分析可知,仅采用仿电磁学算法对大规模非线性优化问题进行求解时,由于局部搜索策略的不足,在算法后期存在进化速度慢和不易收敛到全局最优解的缺陷,需要考虑和其他算法间的融合。

交叉算子和变异算子是遗传算法的两个重要组成部分,对于其优化性能有重要影响。在遗传算法中,交叉算子可在保持父代特征的情况下产生较优的新种群个体;变异算子可保持种群多样性,有利于找到全局最优解,并可提高算法的搜索效率。在仿电磁学算法中融入交叉算子和变异算子的优越性在于,不仅可以在保持仿电磁学算法优势的情况下产生新的较优个体,且可利用变异算子提高算法寻优能力和优化效率。在本书中交叉算子采用算术交叉,变异算子采用均匀变异[126,127]。采用遗传仿电磁学算法求解优化问题的理论框架如图 5.4-1 所示。

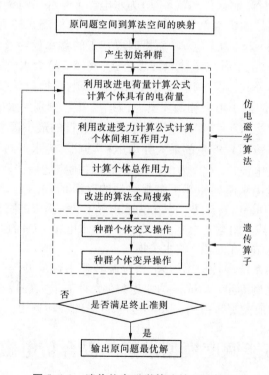

图 5.4-1　遗传仿电磁学算法的理论框架

5.4.2 基于遗传仿电磁学算法的节能调度模型求解

5.4.2.1 约束条件的处理

$h(\boldsymbol{x})$ 为等式约束条件；$g(\boldsymbol{x})$ 为不等式约束条件；$\boldsymbol{x}$ 为独立决策变量。根据最优化理论，约束优化问题的数学模型可以表示为

$$
\begin{cases}
\min f(\boldsymbol{x}) \\
h(\boldsymbol{x}) = 0 \\
g(\boldsymbol{x}) \leqslant 0 \\
\boldsymbol{x} \in \mathbf{OS} \triangleq \{\boldsymbol{x} \in \mathbf{R}^n \mid l \leqslant x \leqslant u \quad l, u \in \mathbf{R}^n\}
\end{cases}
\tag{5-30}
$$

采用群体智能算法求解约束优化问题时，通常采用罚函数法处理约束条件，遗传仿电磁学算法的一个显著优势在于每次算法迭代中可保证独立决策变量在其约束范围内，对其无须采用罚函数法进行处理。$\boldsymbol{\sigma}$、$\boldsymbol{v}$ 为惩罚因子向量，利用遗传仿电磁学算法和罚函数法求解约束优化问题时的优化数学模型可以表示为

$$
\begin{cases}
\min f(\boldsymbol{x}) + \boldsymbol{\sigma}^{\mathrm{T}}[h(\boldsymbol{x})]^2 + \boldsymbol{v}^{\mathrm{T}}\{\max[0, g(\boldsymbol{x})]\}^2 \\
\boldsymbol{x} \in \mathbf{OS} \triangleq \{\boldsymbol{x} \in \mathbf{R}^n \mid l \leqslant x \leqslant u \quad l, u \in \mathbf{R}^n\}
\end{cases}
\tag{5-31}
$$

采用罚函数法对节能调度模型的约束条件进行处理时，若充分利用模型中约束条件和变量间的关系，则可减少优化模型变量个数和惩罚因子的个数，有利于提高算法的求解效率。在节能调度模型中，式(5-16)、式(5-18)、式(5-19)、式(5-25)～式(5-29)可直接利用罚函数法将其融入到目标函数中。而在蓄水量平衡约束条件中，当水电站发电流量和弃水流量通过优化的方法求出时，由于水电站水库的初始蓄水量和时段独立来水流量已知，可通过递归策略直接将约束条件融入到优化模型中。通过递归策略，蓄水量平衡约束条件的数学模型可以转化为

$$
V_i(t) =
\begin{cases}
V_i(1) + \displaystyle\sum_{T=1}^{t} [q_i(T) - S_i(T) - Q_i(T)]\Delta t \\
V_i(1) + \displaystyle\sum_{T=1}^{t} [S_i(T-\tau) + Q_i(T-\tau) + q_{i+1}(T) - S_{i+1}(T) - Q_{i+1}(T)]\Delta t
\end{cases}
$$

$$\tag{5-32}$$

梯级水电站中由于水库库容相差较大，在利用罚函数法处理蓄水量约束条件时，若采用相同的惩罚因子，将会造成库容较小水电站的约束条件无法满

足,其根本原因是没有考虑到水库库容间的差异。为避免该问题的产生,可根据各水电站水库的最大库容情况对惩罚因子进行比例变换,N 个具有水库蓄水量约束水电站的最大库容分别为 $[V_1^{\max}, V_2^{\max}, \cdots, V_N^{\max}]$,其比例变换因子确定的数学模型可表示为

$$\omega_i = \frac{V_1^{\max} + V_2^{\max} + \cdots + V_N^{\max}}{V_i^{\max}} \quad i = 1, 2, \cdots, N \quad (5\text{-}33)$$

$\boldsymbol{v}_{v,i}$、$\boldsymbol{\omega}_i$ 分别为与水电站 i 蓄水量约束条件对应的惩罚因子和比例变换因子,则利用罚函数法将蓄水量约束条件融入到目标函数的数学模型为

$$\Delta V = \sum_{i=1}^{N} \boldsymbol{v}_{v,i} \cdot \{ [\boldsymbol{\omega}_i \cdot \max(0, V_i^{\min} - V_i)]^2 + [\boldsymbol{\omega}_i \cdot \max(0, V_i - V_i^{\max})]^2 \}$$

$$(5\text{-}34)$$

比例变换因子的物理意义为,当水电站 i 的约束条件违背 ΔV_i 时与水电站 j 的约束条件违背 $\boldsymbol{\omega}_i \cdot \Delta V_i / \boldsymbol{\omega}_j$ 时对目标函数值的影响程度相同。比例变换因子的作用就是将不同水电站库容约束违背量置于相同地位,以使蓄水量约束条件同时被满足。

5.4.2.2 基于遗传仿电磁学算法的节能调度模型求解步骤

为有效求解水火电力系统节能调度模型,首先要确定优化问题的内生变量即决策变量。对于水电站而言,在其初始蓄水量和空间独立来水量已知的情况下,其他变量都可由发电流量来表示;对于火电厂而言,其煤耗特性可由机组的出力表示。因此,在求解节能调度模型时,选择水电站发电流量和火电厂出力作为决策变量。利用遗传仿电磁学算法求解节能调度模型的基本步骤为:

(1)参数的初始化。设置种群规模 m、决策变量的上下限、最大迭代次数、变异概率、交叉概率等。

(2)以梯级水电站的发电流量和火电厂机组的出力为决策变量,利用均匀随机数和载波方法产生满足决策变量上下限约束的初始种群 X_0。

(3)利用目标函数计算种群中个体的目标函数值 f_i,并以其为基础利用式(3-12)和式(3-13)计算种群个体电荷值 $q_{c,i}$ 和总受力大小 F_i。

(4)利用改进的全局搜索策略式(3-14)产生新的种群 X_{k+1},并将其目标函数值和种群 X_k 的目标函数值进行比较,找出种群 X_{k+1} 中目标函数值 $f_{k+1} > f_k$ 的个体,则利用种群 X_k 中的个体代替种群 X_{k+1} 中相应个体,保存当前代最

优个体 $X_{k+1,\text{best}}$。

（5）利用遗传算法的交叉算子和变异算子产生新的种群 X'_{k+1} 并将其和种群 X_{k+1} 的目标函数值进行比较，找出种群中 $f_{k+1} > f'_{k+1}$ 的个体，则利用种群 X'_{k+1} 中的个体代替种群 X_{k+1} 中的相应个体，保存最优个体 $X_{k+1,\text{best}}$。

（6）令 $k = k + 1$，判断算法是否达到算法的终止条件，若没有满足终止条件，转入步骤（3），重复上述迭代步骤；若已满足终止条件，则输出最优解和最终目标函数值。

5.5　实例应用

5.5.1　算例描述

本书采用广西红水河天生桥一级、天生桥二级、平班、龙滩、岩滩、大化、百龙滩、乐滩 8 座梯级水电站和广西境内贵港、钦州、北海、防城港、来宾 A、来宾 B、永福、柳州、合山、田东 10 座火电厂为例进行仿真分析，来验证所建采用动态弃水策略的水火电力系统节能调度模型在提高水电站综合出力水平、促进非可再生能源节约和提高系统运行综合经济性方面的优越性，同时验证遗传仿电磁学算法在求解具有大规模强非线性特点的节能调度模型时的有效性。表 5.5-1 为系统 24 h 典型日负荷数据，由广西电网历史调度数据得到。火电厂机组的耗量特性系数是根据广西电网统调电厂最近几年煤耗资料，采用最小二乘法拟合得到的[137]，其基本运行参数如表 5.5-2 所示。

表 5.5-1　广西水火电力系统典型日负荷

时段	01:00	02:00	03:00	04:00	05:00	06:00	07:00	08:00	09:00	10:00	11:00	12:00
负荷（MW）	7 065.7	6 805.6	6 546.7	6 443.2	6 274.3	6 302.9	6 492.0	6 813.5	6 976.3	7 466.4	7 717.7	8 008.9
时段	13:00	14:00	15:00	16:00	17:00	18:00	19:00	20:00	21:00	22:00	23:00	24:00
负荷（MW）	7 676.2	7 565.4	7 679.7	7 767.3	7 846.2	8 371.6	8 171.5	8 027.4	8 845.0	8 977.0	8 619.5	7 927.7

表 5.5-2　广西火电厂基本运行参数

项目	最大出力(MW)	$k_q(t/MWh)$	$k_f(t/MWh)$	$k_c(t)$
贵港	600	2.78×10^{-6}	0.273 5	13.70
钦州	600	1.39×10^{-5}	0.258 5	14.50
北海	300	6.11×10^{-5}	0.278 5	6.35
防城港	600	8.33×10^{-6}	0.268 5	14.10
来宾 A	125	3.33×10^{-5}	0.311 8	4.64
来宾 B	360	1.62×10^{-5}	0.294 3	6.81
永福	330	2.53×10^{-6}	0.307 8	6.74
柳州	200	2.08×10^{-5}	0.303 8	5.42
合山	330	1.52×10^{-5}	0.296 5	6.77
田东	135	4.94×10^{-5}	0.312 0	5.04

5.5.2　节能调度模型的优化结果分析

利用遗传仿电磁学算法分别对采用静态弃水策略和动态弃水策略的水火电力系统节能调度模型进行求解。算法参数设置为:种群个数为 50;交叉概率和变异概率分别为 0.8 和 0.02;算法终止准则为迭代运行 2 000 代。从水电站用水量、弃水量、发电水头、水库蓄水量、水电站出力、火电厂煤耗量、火电厂煤耗率等几个方面分别对两种弃水策略下节能调度模型的优化结果进行分析比较。表 5.5-3 为不同弃水策略下梯级水电站优化调度结果;表 5.5-4 为不同弃水策略下火电厂优化调度结果;图 5.5-1 为不同弃水策略下梯级水电站发电流量;图 5.5-2 为不同弃水策略下梯级水电站弃水流量;图 5.5-3 为不同弃水策略下梯级水电站蓄水量;图 5.5-4 为不同弃水策略下梯级水电站的发电净水头;图 5.5-5 为不同弃水策略下梯级水电站出力情况;图 5.5-6 不同弃水策略下火电厂煤耗率;图 5.5-7 为不同弃水策略下水电站和火电厂的出力情况。

表5.5-3　不同弃水策略下梯级水电站优化调度结果

项目	单位	弃水策略	天生桥一级	天生桥二级	平班	龙滩	岩滩	大化	百龙滩	乐滩
日用水量	亿 m³	D	0.567	0.370	0.386	0.928	1.988	1.183	0.698	0.406
		S	0.563	0.368	0.379	0.910	1.639	0.942	0.568	0.337
日弃水量	m³/s	D	0	1.07	0	0	221.54	24.80	0	0
		S	0	0	0	0	0	0	0	0
日平均水头	m	D	144.4	231.4	49.3	182.8	64.1	28.9	14.1	26.9
		S	148.2	237.6	49.4	183.3	72.0	30.5	14.4	27.0
日发电量	亿 kWh	D	0.189	0.196	0.040	0.394	0.270	0.066	0.020	0.023
		S	0.205	0.212	0.039	0.389	0.248	0.058	0.017	0.019

注:D代表动态弃水策略;S代表静态弃水策略。

表5.5-4　不同弃水策略下火电厂优化调度结果

项目	单位	弃水策略	贵港	钦州	北海	防城港	来宾A	来宾B	永福	柳州	合山	田东
平均出力	MW	D	416.55	397.56	212.35	422.10	99.95	268.45	221.73	144.62	238.66	101.69
		S	440.80	439.76	217.98	422.01	102.55	251.24	242.62	153.32	220.57	104.15
日发电量	亿 kWh	D	0.100 0	0.095 4	0.051 0	0.101 3	0.024 0	0.064 4	0.053 2	0.034 7	0.057 3	0.024 4
		S	0.105 8	0.105 5	0.052 3	0.101 3	0.024 6	0.060 3	0.058 2	0.036 8	0.052 9	0.025 0
日煤耗量	t	D	3 075.0	2 868.6	1 640.2	3 094.8	867.4	2 088.4	1 802.8	1 195.3	1 882.2	894.8
		S	3 235.7	3 142.2	1 681.0	3 094.9	887.2	1 963.1	1 957.7	1 260.0	1 750.1	913.9
平均煤耗率	g/kWh	D	307.6	300.6	321.8	305.5	361.6	324.1	338.8	344.4	328.6	366.6
		S	305.9	297.7	321.3	305.6	360.5	325.6	336.2	342.4	330.6	365.6

注:D代表动态弃水策略;S代表静态弃水策略。

由5.2小节的理论分析可知,水电站运行协调条件的作用是通过水能资源的再分配,从而改变水电站蓄水量特性,进而影响到水电站的水头、弃水、发电用水,最终影响到水电站的综合出力水平和用水的合理性。水电站动态弃水策略是在运行协调条件基础上且考虑梯级水电站间水能资源重复利用特性的前提下构建的,并以约束条件的形式融入到节能调度模型中,从理论上讲应该能够发挥运行协调条件在水电站运行中对水能资源再分配的作用。根据图5.5-1~图5.5-5所示静态弃水策略和动态弃水策略下水电站弃水、发电流量、蓄水量、发电水头、水电站出力情况可以看出,动态弃水策略可以通过对水电站水能资源的再分配来改变水电站蓄放水规律,从而对水电站的综合运行特性产生影响,进而影响到水火电系统运行的综合经济性。

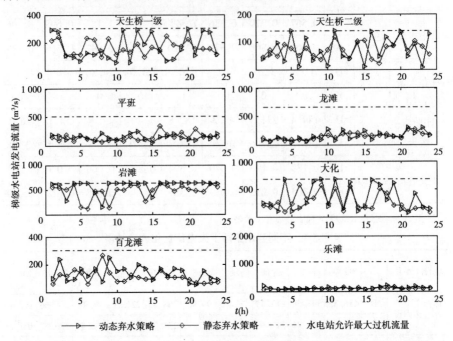

图 5.5-1　不同弃水策略下梯级水电站发电流量

由图 5.5-1 可以看出,当采用静态弃水策略时,天生桥二级、岩滩水电站的发电流量在某些时段达到了机组允许的最大过机流量,但由图 5.5-3 可知,由于此时水电站的蓄水量并没有达到水库允许的最大蓄水量,采用以最大可能将水能存储到水库中并最大程度上减少弃水产生的静态弃水策略时,在整个调度周期内并没有弃水产生;当采用动态弃水策略时,天生桥一级、天生桥二级、岩滩和大化水电站部分时段的发电流量达到了水电站允许的最大发电流量,表明在这些时段由协调条件确定的最佳发电流量不小于水电站允许的最大过机流量。同时,由图 5.5-2、图 5.5-3 可以看出,尽管水电站的蓄水量没有达到水库允许的最大蓄水量,天生桥二级、岩滩、大化三个水电站仍然产生了弃水,其目的是充分利用水能资源在梯级水电站间的重复利用特性,通过弃水的方式实现水能资源在梯级水电站间的重新分配,以提高梯级水电站整体的出力水平。

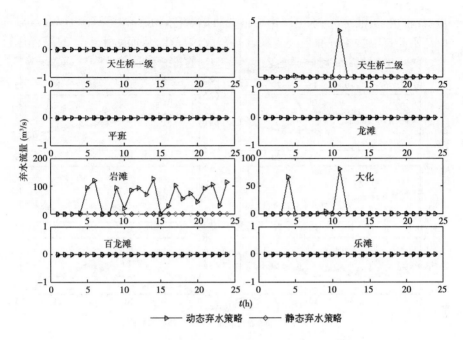

图 5.5-2　不同弃水策略下梯级水电站弃水流量

　　水电站弃水方式的不同,对水电站用放水策略产生了不同的影响,从而影响到水电站的动态蓄水规律,两种弃水策略下水电站的动态蓄水量特性如图 5.5-3 所示。动态弃水策略通过对水电站动态蓄水量特性的影响,进而对水电站用水特性、水头特性和水电转换特性产生影响。由表 5.5-3 可知,采用动态弃水策略一般比采用静态弃水策略时用的发电用水要少,在整个调度期内采用静态弃水策略时总发电用水量为 5.511 亿 m³,而采用动态弃水策略时总发电用水量为 6.329 亿 m³;由表 5.5-3 和图 5.5-4 可以看出,采用动态弃水策略时,除天生桥二级、平班、大化水电站外,其他水电站发电水头一般比采用静态弃水策略时发电水头要低;由表 5.5-3 和图 5.5-4 可以看出,除天生桥一级水电站和乐滩水电站外,采用动态弃水策略时水电站发电量一般都比采用静态弃水策略时的要大,采用动态弃水策略时水电站日发电量为 1.205 亿 kWh,采用静态弃水策略时日发电量为 1.194 亿 kWh;单位用水的发电量是衡量水电站用水效益的一个重要指标,采用动态弃水策略时单位用水的发电量为 0.19 kWh/m³,采用静态弃水策略时单位用水的发电量为 0.21 kWh/m³,静态弃水策略下水电站水能资源的利用效率相对较高。

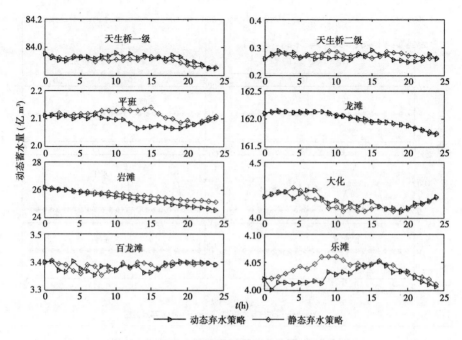

图 5.5-3 不同弃水策略下梯级水电站动态蓄水量

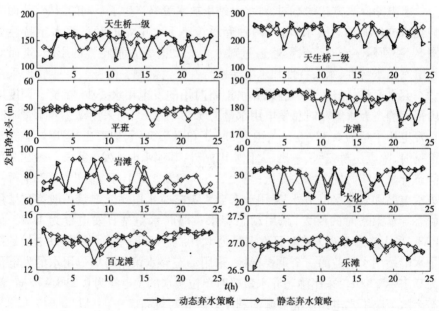

图 5.5-4 不同弃水策略下梯级水电站的发电净水头

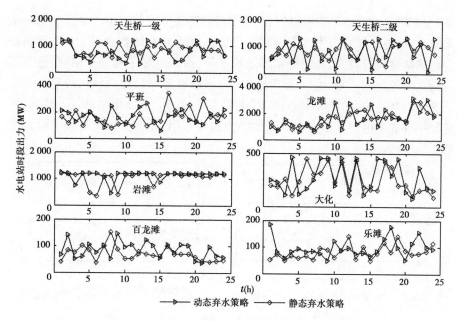

图 5.5-5　不同弃水策略下梯级水电站出力情况

　　根据上述不同弃水策略对水电站运行特性影响的理论分析可以看出,以约束形式融入到节能调度模型中的动态弃水条件可以以水能资源重新分配的形式改变水电站的蓄放水规律,从而影响到水电站的综合运行特性。在水火电力系统中,由于水电站和火电厂之间的互补运行特性,动态弃水策略对水电站运行特性产生影响的同时,对火电厂的运行特性也会造成影响。由表5.5-4所示火电厂优化调度结果可以看出,采用动态弃水策略时,由于通过改变水库蓄放水策略提高了水电站在调度周期内的综合出力水平,从而提高了水电站在水火电力系统中的替代效益,因此在整个调度周期内火电厂的总发电量比采用静态弃水策略时的要小,采用动态弃水策略时火电厂总发电量为 0.605 7亿 kWh,采用静态弃水策略时火电厂的总发电量为 0.622 7亿 kWh;由于在优化过程中,通过遗传仿电磁学算法对火电厂间的出力水平进行协调,发挥了火电厂自身的均衡效益,使得采用动态弃水策略时火电厂总的煤耗量比采用静态弃水策略时的要少,动态弃水策略下火电厂总的煤耗量为 19 409.5 t,采用静态弃水策略时火电厂总的煤耗量为 19 885.8 t;煤耗率是反映火电厂能源利用效率的重要指标之一,由表5.5-4 和图5.5-6 可以看出,通过遗传仿电磁学算法优化后,两种弃水策略下的煤耗率差别不大,在动态弃水策略下火电厂的平均煤耗率约为 320 g/kWh,采用静态弃水策略时火电厂的平均煤耗率约为

319 g/kWh。由图 5.5-7 可以看出,不管是在静态弃水策略下还是在动态弃水策略下,火电厂综合出力水平相对比较平稳,而水电站的综合出力水平随负荷变化的幅度相对较大,火电厂主要承担基荷,而水电站主要进行调峰,这与节能调度的理念相一致,也体现了水火电力系统在运行过程中替代效益和均衡效益间的互动协调,但在动态弃水策略下更能充分发挥水电站的互补优势,更能发挥梯级水电站在水火电力系统中的替代作用,充分实现燃煤等非可再生能源的节约。

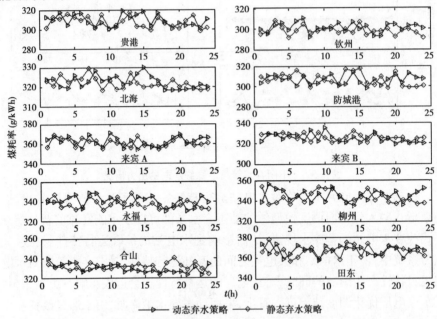

图 5.5-6　不同弃水策略下火电厂煤耗率

从上述不同弃水策略对水电站运行特性和火电厂运行特性的影响分析可以看出,采用动态弃水策略时水电站的发电水头、单位用水的发电量都比采用静态弃水策略时的要小,表明采用动态弃水策略时水电站的水能利用效率要比采用静态弃水策略时的要低,但是采用动态弃水策略时能够在保证满足水电站水能资源约束的条件下,提高水能资源的利用总量,能够使水电站使用更多的水能资源,从而提高水电站的综合出力水平,在保证水能资源可持续利用的前提下充分发挥水电电源在水火电力系统中的替代效益,促进燃煤等非可再生能源的节约。

动态弃水策略所具有的优势主要如下:

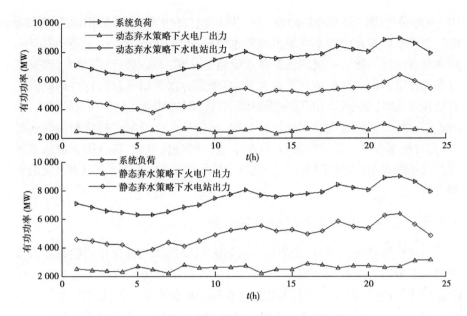

图 5.5-7　不同弃水策略下水电站和火电厂出力情况

（1）采用静态弃水策略时在整个调度周期内水电站的发电用水比采用动态弃水策略时的要少，但这并不意味着静态弃水策略优于动态弃水策略，主要原因在于水能资源与燃煤等非可再生能源不同，其分布具有时间和地点上的随机性，且水库的存储能力有限，水电站水库中不是蓄水越多越好，只有在保证水能资源可持续利用的前提下，最大程度上利用水能资源才可以充分发挥水电站的替代效益。在传统的静态弃水策略中，因为过分追求水电站水库蓄水，反而限制了水能资源的利用程度，降低了整个梯级水电站的整体出力水平，在水火电力系统中表现为火电厂承担负荷的增加和煤耗量的增加，优化结果也表明了动态弃水策略下火电厂在整个调度周期内的煤耗量比采用静态弃水策略时减少了约 476 t。

（2）采用静态弃水策略时水电站的平均水头比采用动态弃水策略时的要高，但实际运行中水电站的水头也不是越高越好，虽然水头越高，水电站单位用水的发电量越大，水能资源的利用效率越高，但是由于水能资源在短时间内的有限性，过分追求高水头反而使水能资源无法得到充分的利用，限制了水电站的综合出力水平。因此，在水能资源有限情况下，在保证其可持续利用的前提下，发电水头和发电用水间有一个合理的协调，动态弃水策略构建时就是以水电站运行协调条件为基础的，因此能够反映发电水头与发电用水间的协调关系。

（3）采用静态弃水策略时单一水电站没有产生弃水，而采用动态弃水策略时单一水电站在调度期内的平均弃水流量为 31.06 m^3/s，这正是动态弃水策略具有的优越性。传统的静态弃水策略是从单一水电站角度考虑，没有充分考虑梯级水电站间的耦合互动关系，而动态弃水策略通过运行协调条件和有益弃水策略的融入，可有效考虑梯级水电站间的耦合互动特性，通过弃水的方式对水能资源在水电站间进行再分配，在保证水能资源可持续利用的前提下，充分挖掘水电站的发电潜力，提高水电站的替代效益，符合国家清洁能源优先利用的政策，有利于燃煤等非可再生能源的节约，促进水火电力系统的节能运行。

5.5.3 遗传仿电磁学算法的性能分析

与遗传算法相比，仿电磁学算法求解大规模强非线性优化问题时在收敛性和求解效率方面具有明显优势[138]，本书主要研究仿电磁学算法在水火电力系统优化调度领域的应用，因此只将采用基本仿电磁学算法（BELM）、改进仿电磁学算法（EELM）和遗传仿电磁学算法（GAELM）对节能调度模型求解时的优化性能进行分析比较，来验证遗传仿电磁学算法在求解大规模强非线性问题时的有效性和优越性。求解时算法的种群个数设为 50；终止条件设为迭代运行 2 000 代；初始种群采用等概率事件的方法生成；算法从相同的初始种群开始优化运行；优化模型中采用相同的惩罚系数；计算机运行环境为 AMD Athlon™ 64 X2 Dual Core Processor 4400 + 2.30 GHz 896 MB 内存。图 5.5-8 为不同算法优化过程中节能调度模型的约束违背变化情况；图 5.5-9 为不同算法优化过程中节能调度模型目标函数值的变化情况；表 5.5-5 为不同算法对节能调度模型求解时的综合优化性能。

根据图 5.5-8 节能调度模型约束条件在三种仿电磁学算法优化过程中的违背量变化情况可以看出，基本仿电磁学算法在优化过程中水电站出力约束条件的违背量不能够随着算法进化代数的增加而减小，虽然蓄水量约束、末蓄水量约束和负荷平衡约束条件的违背量随着算法进化代数的增加处在不断地震荡减小中，但其减小的速度缓慢，且在算法后期出现停滞现象，难以使约束条件得到满足；改进仿电磁学算法优化运行前期节能调度模型的蓄水量约束、末蓄水量约束和负荷平衡约束条件的违背量随进化代数的增加而迅速减小，其约束违背量的值比采用基本仿电磁学算法时要小，但在算法进化后期，约束条件违背量同样存在减小缓慢和停滞的问题，当算法满足终止条件时，除水电站末蓄水量约束条件的违背量较小外，蓄水量约束和负荷平衡约束条件的违

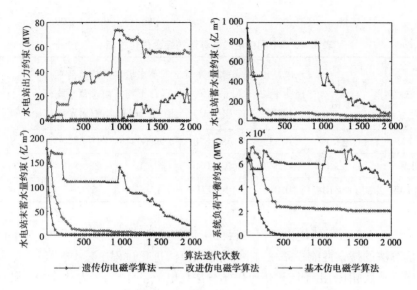

图 5.5-8　不同仿电磁学算法优化过程中约束违背变化情况

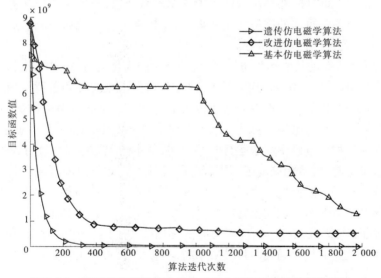

图 5.5-9　不同仿电磁学算法优化过程中目标函数值的变化情况

背量仍然较大,在算法进化过程中还存在水电站出力约束条件的违背量不能够随着算法进化代数增加而减小的现象;遗传仿电磁学算法在优化运行过程中,由于充分利用了仿电磁学算法和遗传算子的优点,约束条件的违背量在算法进化过程中迅速减小,在算法达到终止条件时,约束条件均得到较好的满足。

表 5.5-5　不同仿电磁学算法的综合优化性能

算法	平均目标函数值	水电站出力违背平均值（MW）	蓄水量违背平均值（亿 m³）	末蓄水量违背平均值（亿 m³）	系统负荷平衡违背平均值（MW）	算法运行时间（s）
BELEM	$4.851\,2 \times 10^{9}$	6.533	480.820	93.663	59 684	310.8
EELM	$1.145\,3 \times 10^{9}$	43.970	105.030	17.883	28 058	93.3
GAELM	$2.200\,4 \times 10^{-8}$	0.012	10.773	4.484	5 319	104.9

由图 5.5-9 所示的优化过程中目标函数值的变化情况可以看出,基本仿电磁学算法的搜索性能最差,目标函数值在算法进化过程中减小较慢;与基本仿电磁学算法相比,由于改进仿电磁学算法在电荷量计算、受力计算和全局寻优策略上的改进,其优化性能得到较大提高,明显优于基本仿电磁学算法,但由于局部搜索的缺陷在算法后期出现进化停滞现象;遗传仿电磁学算法由于利用了仿电磁学算法的优势和交叉算子、变异算子在避免算法陷入局部最优的优势,因此其优化性能最好。

由表 5.5-5 的仿真结果可以看出,三种算法优化运行过程中,在目标函数变化平均值、水电站出力约束、蓄水量约束、末蓄水量约束和负荷平衡约束违背量变化的平均值方面都以采用遗传仿电磁学算法进行求解时的值最小,进一步验证了遗传仿电磁学算法在求解大规模强非线性优化问题时的优越性和有效性。三种仿电磁学算法运行时间表明,基本仿电磁学算法由于采用吸引排斥双重机制,对节能调度模型求解时所需时间最长,为 310.8 s;改进仿电磁学算法在求解节能调度模型时的时间最短,为 93.3 s;而遗传仿电磁学算法融入遗传算子后对节能调度模型求解时所耗费的时间与改进仿电磁学算法相比仅增加了约 10%,与基本仿电磁学算法相比节约了约 70% 的时间,在求解变量多非线性强的优化问题时计算效率高,具有良好的应用前景。

5.6　小　结

本章以水火电力系统节能调度理论为基础,以充分利用水能资源和实现燃煤等非可再生能源的节约为最终目的。围绕着水火电力系统单目标节能调度模型的构建和求解方法主要做了以下工作:

（1）水电站运行协调条件的构建和作用分析。以水电站运行特性为基础，以挖掘水电站的发电潜力和提高水电站运行的综合经济性为目的，构建了能够反映水头、水头损失和发电流量间协调关系的水电站运行协调条件；通过优化的方法分析了运行协调条件在水电站运行中的作用，表明运行协调条件的融入可通过改变水电站水库的蓄水量特性对其弃水特性、水头特性和用水特性等产生影响，从而实现用水和发电间的协调，以便提高水电站运行的综合经济性。

（2）水电站弃水模型的构建。以提高水电站出力水平为目的，以水电站运行协调条件为基础构建了单一水电站的弃水数学模型；针对梯级水电站间的耦合特性和水能资源的重复利用特性，构建了以单一水电站弃水数学模型和梯级水电站间有益弃水策略为基础的动态弃水数学模型。

（3）水火电力系统节能调度模型的构建及梯级水电站动态弃水策略的性能分析。构建了以梯级水电站动态弃水数学模型为基础的水火电力系统节能调度模型，并以广西水火电力系统进行仿真分析；通过与静态弃水策略下水电站用水量、弃水量、发电水头、水库蓄水量、火电厂煤耗量、火电厂煤耗率等几个方面的比较，表明以梯级水电站动态弃水策略为基础的节能调度模型可通过充分利用水能资源，来提高水电站的综合出力水平，充分发挥水电能源的替代效益，实现燃煤等非可再生能源的节约，有利于促进水火电力系统的节能运行。

（4）采用遗传仿电磁学算法对节能调度模型进行求解。针对所建节能调度模型的强非线性特点，采用遗传仿电磁学算法进行求解，通过对优化效率和约束条件满足的程度分析表明，遗传仿电磁学算法能够对节能调度模型进行有效求解；通过基本仿电磁学算法、改进仿电磁学算法和遗传仿电磁学算法间的比较表明，遗传仿电磁学算法在求解效率和求解精度上都具有明显优越性，适合于大规模优化问题的求解。

第6章 水火电力系统多目标节能调度与优化方法

6.1 引 言

根据水火电力系统联合运行的特性分析,水电系统和火电系统间的互动耦合特性,使其在运行过程中相互作用、相互影响,在其联合运行的电力系统中要兼顾水电系统和火电系统运行的综合经济性。同时,电力系统运行过程中由于节能要求、资源限制、环境压力和电网特性等因素的影响,其运行本身就是多个运行指标间的合理协调问题。由于单目标优化理论成熟,在实践中决策者通常采用单目标优化方法来解决水火电力系统中多个运行指标间的协调问题,其常用的方法是将决策者偏好的运行指标作为优化目标,而其他运行指标作为约束条件融入到优化调度模型中[139,140]。将运行指标作为约束条件的处理方法可方便地利用单目标优化理论制订电力系统的运行计划,然而该方法只能在保证其他运行指标在限制范围内时单一指标的最优决策,无法真正做到电力系统运行过程中多个运行指标间的合理协调。因此,研究水火电力系统多目标节能调度模型的构建和优化方法具有重要的现实意义。

科研工作者为利用优化理论有效处理电力系统运行中多个运行指标间的协调问题,已经在该领域进行了大量的研究,围绕着电力系统多目标优化调度模型的构建和求解方法取得了丰硕的成果。与单目标优化调度相比,多目标优化调度模型的优化目标和约束条件构建同样要以电力系统物理运行机制和经济运行机制为基础,显著区别在于其有多个优化指标,无法应用成熟的单目标优化理论直接对其有效求解。目前,已经有众多多目标优化方法应用到电力系统多目标优化调度问题的求解中,主要有权重系数法[141]、分层求解法[142]、最佳目标法[143]和以群体智能算法为基础的并行搜索算法[144,145]等。权重系数法对多目标优化问题求解的基本思想是首先利用权重系数将多目标问题转化为单目标优化问题,然后采用单目标优化理论对其进行求解,然而多目标优化问题的优化目标性质一般不同,且权重系数的确定至今还没有系统的方法,权重系数法存在明显不足;层次分析法多目标求解思想是根据目标函数的重要性依次求解满足约束条件的单目标优化问题,可很好地处理优化指标间的协调问题,然而有时多个目标间的重要性难以确定,该方法同样存在局限性;最佳目标法难以真正做到多个优化指标间的合理协调。随着以生物学机制或物理学机制为基础的群体智能算法的迅速发展,其算法本身隐含的并行特性,为求解多目标优化问题提供了新的途径,成为国内外研究的主要热点。

本章针对含有梯级水电站的水火电力系统的联合运行问题,以促进能源的合理利用和提高水火电力系统运行的综合经济性为最终目的,围绕着水火电力系统多目标优化调度模型的构建和优化方法主要进行以下研究:

(1)以水火电力系统间的互动特性理论为基础,以水能资源得到充分利用并有利于发挥中长期调节水电站在调节周期内对水能资源的调节作用、节约火电厂燃料耗量、减少对环境的污染及降低电力传输过程中的有功损耗为目的,研究水火电力系统多目标节能调度模型的构建方法。

(2)针对目前多目标优化问题求解还没有统一有效的求解方法和群体智能算法在求解多目标优化问题方面的独特优越性,以一种新型的群体智能算法——仿电磁学算法为基础,研究水火电力系统多目标节能调度模型求解的群体智能方法。

6.2 水火电力系统多目标节能调度模型

6.2.1 建模思路

根据水火电力系统运行特性构建合理的多目标优化指标是制订合理的用水计划和发电计划的关键,是提高水火电力系统运行综合经济性的前提和基础。国内外学者围绕着水火电力系统多目标优化指标的构建已经开展了大量的研究工作并取得了丰硕成果,主要有经济指标、环境指标、效益指标和安全指标等。

在火电厂运行方面,火电厂电能生产时要消费燃煤等碳基能源,从非可再生能源节约、能源可持续利用和提高火电厂运行效益的角度考虑,一般都以在调度期内总运行成本最小作为火电厂的优化指标之一,其本质是通过价格因子的融入从而实现火电厂能源利用和企业效益间的协调[145,146];火电厂对碳基能源的大量使用是造成温室气体增加和大气环境恶化的主要原因,因此以调度期内温室气体或二氧化硫等有害气体的排放量最小作为火电厂运行的其中一个优化指标[147]；随着世界上电力企业厂网分开、竞价上网的市场化改革的深入，火电厂收益最大成为发电企业追求的一个主要目标；除此之外，还有以火电机组爬坡速率最小等作为优化指标[148]。

在水电站运行方面，为充分发挥水电能源在水火电力系统中的替代作用，其中一个重要的优化指标就是调度期内水电站的发电量最大；水能资源虽然是一种可再生能源，然而由于其分布具有一定的随机性和时间上的不均衡性，要保证水电站电能生产的连续性就要保证水能资源利用的可持续性，以调度期内水电站发电用水量最小作为优化指标有利于水能资源利用的连续性[149]；水电站弃水是影响水电站运行综合经济性的重要因素之一，减少水电站调度期内弃水的产生是提高水电站运行综合经济性的有效优化指标之一；在梯级水电系统中龙头电站一般库容大、调节能力强，充分发挥龙头电站的调节能力，可以合理实现水能资源在时间和空间上的再分配，有利于水能资源的可持续利用，有学者以调度期内龙头水电站耗水量最小作为制订水电站用水计划的优化指标之一[149]；在电力市场下，厂网分开、竞价上网的逐步实施，水电企业将发电收益最大作为其追求的一个主要指标[150,151]。此外，还有以蓄能利用最大[152]、调峰效益最大作为水电站运行的优化指标。

从电力系统运行角度看，电网是电能传输过程中不可或缺的环节，电力线路固有的阻抗特性使电网在电能传输的过程中会消耗一部分有功功率而使部分电能无法被用户使用，不仅会增加电源的额外出力，也会增加一次能源的消费总量，将会降低电力系统运行的综合经济性，因此调度周期内电网网损的最小也是提高电力系统运行经济性的一个重要优化指标[153]；为促进市场的运营者或参与者可通过调整不同目标函数的权重来直接控制系统的安全水平，还有以负荷裕度最大作为电力系统运行的优化指标[154]。

针对水火电力系统联合运行的多目标优化问题，虽然在优化指标的构建方面取得了大量成果，然而针对含有梯级水电站的水火电力系统，由于没有充分考虑水电站间的时空耦合特性、调节性质的不同和水能资源的重复利用特性，因此所建多目标优化调度模型还不能充分利用水火电力系统间的互动耦合特性来提高电力系统运行的综合经济性。本书以水火电力系统间的互动特性为基础，在兼顾梯级水电站间耦合特性和中长期有调节电站对未来水能资源调节作用基础上并考虑环境因素和网损因素的影响，以燃煤等非可再生能源的节约和提高电力系统运行的综合经济性为最终目的，构建兼顾节能、环境和电网间协调的多目标节能调度模型。

6.2.2 水火电力系统多目标节能调度模型

6.2.2.1 多目标优化指标

1. 煤耗量优化指标

在节能调度机制下,水火电力系统联合运行的重要目标之一就是利用水火电力系统间的互动特性,在满足电力负荷需求的情况下,减少燃煤等非可再生能源的使用量,即在调度周期内火电厂的煤耗量最小,其优化指标可表示为

$$f_1 = \min \sum_{t=1}^{T} \sum_{j=1}^{M} \{ [A_j P_{Th,j}^2(t) + B_j P_{Th,j}(t) + C_j] \cdot U_j(t) +$$

$$SU_j \cdot U_j(t) \cdot [1 - U_j(t-1)] + SD_j \cdot U_j(t-1) \cdot [1 - U_j(t)] \}$$

$$(6-1)$$

2. 气体排放优化指标

火电厂碳基能源的大量使用是使大气环境恶化的主要原因,减少污染气体如二氧化硫、氮氧化物等排放的措施主要有更换先进设备、采用洁煤技术、对排放气体进行化学处理和排放调度等手段,其中排放调度是通过优化的方法减少火电厂污染气体的排放,具有成本低、见效快的优点,其优化目标就是在整个调度周期内使污染气体的排放量最小。火电厂气体排放数学模型是排放调度有效的关键,最初采用的排放模型是以火电厂有功出力为决策变量的线性模型和指数模型的组合,其数学模型为[155]

$$E(P_{Th}) = \alpha + \beta P_{Th} + \zeta e^{\lambda P_{Th}} \tag{6-2}$$

目前,相关研究以有功出力为决策变量的二次模型和指数模型的组合来描述火电厂的气体排放特性是较为常用的气体排放数学模型,可有效反映火电厂的气体排放特性,本书采用该模型,其数学表达式为

$$E(P_{Th}) = \alpha + \beta P_{Th} + \gamma P_{Th}^2 + \zeta e^{\lambda P_{Th}} \tag{6-3}$$

因此,在整个调度周期内火电厂污染气体的排放量最小的优化指标数学模型可以表示为

$$f_2 = \min \sum_{t=1}^{T} \sum_{j=1}^{M} E_j(P_{Th,j}(t))$$

$$= \min \sum_{t=1}^{T} \sum_{j=1}^{M} [\alpha_j + \beta_j P_{Th,j}(t) + \gamma_j P_{Th,j}^2(t) + \zeta_j e^{\lambda P_{Th,j}(t)}] \tag{6-4}$$

式中:P_{Th}、$P_{Th,j}$ 分别为火电厂和火电厂 j 的有功出力;α、β、γ 和 ζ 为火电厂气体排放数学模型的排放系数;α_j、β_j、γ_j 和 ζ_j 为火电厂 j 气体排放数学模型的排放系数。

3. 电网网损优化指标

根据水火电力系统节能运行理论分析,电网网损在机组出力中所占比重比较客观,网损大就会导致机组额外出力增加的越多,从而增加一次能源的使用量,不利于电力系统的节能运行,因此在电能传输过程中网损越小,电力系统运行越经济。电能在传输过程中网损的大小不仅和网络的阻抗特性有关,和网络的潮流分布也有紧密关系,且随着潮流分布的变化而变化。目前,在电力系统优化调度中考虑网损因素影响时的网损数学模型主要有以潮流方程为基础的网损数学模型式(6-5)和简化的网损数学模型式(6-6)[156]:

$$P_{\mathrm{L}} = \sum_{i=1}^{K} \sum_{j=1}^{K} \left[V_i^2 - 2V_i V_j \cos(\theta_i - \theta_j) + V_j^2 \right] \frac{R_{i,j}}{R_{i,j}^2 + X_{i,j}^2} \tag{6-5}$$

$$P_{\mathrm{L}} = \sum_{i=1}^{K} \sum_{j=1}^{K} P_{\mathrm{g},i} B_{i,j} P_{\mathrm{g},j} + \sum_{i=1}^{K} B_{i,\mathrm{o}} P_{\mathrm{g},i} + B_{\mathrm{oo}} \tag{6-6}$$

式中:K 为节点数;V_i、V_j 分别为节点 i 和节点 j 的电压幅值;θ_i、θ_j 分别为节点 i 和节点 j 的电压相角;$R_{i,j}$、$X_{i,j}$ 分别为节点 i 和节点 j 间的电阻和电抗值;$B_{i,j}$、$B_{i,\mathrm{o}}$、B_{oo} 分别为简化模型计算网损的 B 系数;$P_{\mathrm{g},i}$、$P_{\mathrm{g},j}$ 分别为节点 i 和节点 j 的注入有功功率。

由式(6-5)可知,以潮流方程为基础的网损计算模型,与节点电压的幅值和相角都有关系,因此虽然其网损计算比较精确,但其计算量比较大。为简化计算一般采用网损计算的简化模型,本书采用式(6-6)计算水火电力系统中的网损。电网网损优化指标的数学模型可以表示为

$$f_3 = \min \sum_{t=1}^{T} P_{\mathrm{L}}(t)$$

$$= \min \sum_{t=1}^{T} \left[\sum_{i=1}^{K} \sum_{j=1}^{K} P_{\mathrm{g},i}(t) B_{i,j} P_{\mathrm{g},j}(t) + \sum_{i=1}^{K} B_{i,\mathrm{o}} P_{\mathrm{g},i}(t) + B_{\mathrm{oo}} \right] \tag{6-7}$$

4. 中长期有调节水电站用水优化指标

在梯级水电系统中,中长期调节水电站除进行电能生产外,还需要承担对未来用水的调节任务,因此在满足电能需求情况下整个调度期内中长期调节水电站的发电用水越少,越有利于对未来用水的调节。虽然以龙头水电站耗水量最小、蓄能利用最大和梯级水电站弃水最小为目标的优化指标,在一定程度上可以促进水能资源的可持续利用,但由于没有充分考虑有调节电站和径流电站的差异、中长期调节电站和日调节电站的不同、龙头电站和其他调节周期长的电站的作用相似之处及梯级水电站间的耦合特性等因素,因此还不能实现水能资源的充分利用。在第4章通过水电站运行协调条件和梯级水电站

动态弃水策略进一步提高水电站水能资源利用的综合效益,然而其最终是以约束条件融入到节能调度模型中,只能给水能资源的利用提供一个上限,若要进一步优化水能资源的综合利用效益,需要构建合理的水电站水能资源利用优化指标。

本书针对水火电力系统短期节能调度问题,针对调节周期长的水电站对未来用水的调节作用,以充分提高梯级水电站水能资源的综合利用效益为目的,在运行协调条件和动态弃水策略的前提下,构建在调度周期内中长期有调节水电站末蓄水量最大的优化指标,N_L 为中长期调节水电站的个数,$V_{end,i}$ 为第 i 个中长期调节水电站在调度周期末的蓄水量,水电站用水优化指标的数学模型为

$$f_4 = \max \sum_{i=1}^{N_L} V_{end,i} \tag{6-8}$$

6.2.2.2 约束条件

$$\sum_{i=1}^{N} P_{H,i}(t) + \sum_{j=1}^{M} U_j(t) \cdot P_{Th,j}(t) + P_L(t) = P_D(t) \tag{6-9}$$

$$U_j(t) P_{Th,j}^{min} \leqslant P_{Th,j} \leqslant U_j(t) P_{Th,j}^{max} \tag{6-10}$$

$$P_{H,i}^{min} \leqslant P_{H,i} \leqslant P_{H,i}^{max} \tag{6-11}$$

$$H_i^{min} \leqslant H_i \leqslant H_i^{max} \tag{6-12}$$

$$V_i^{min} \leqslant V_i \leqslant V_i^{max} \tag{6-13}$$

$$0 \leqslant S_i \leqslant S_i^{max} \tag{6-14}$$

$$Q_i^{min} \leqslant Q_i \leqslant \min(Q_i^{max}, Q_i^{opt}) \tag{6-15}$$

$$V_i(t) = \begin{cases} V_i(t-1) + [q_i(t) - Q_i(t) - S_i(t)]\Delta t \\ V_i(t-1) + [Q_{i-1}(t-\tau) + S_{i-1}(t-\tau) + q_i(t) - Q_i(t) - S_i(t)]\Delta t \end{cases} \tag{6-16}$$

$$Q_{i-1}(t-\tau) + S_{i-1}(t-\tau) + q_i(t) - Q_i(t) - S_i(t) = 0 \tag{6-17}$$

$$V_i(0) = V_{0,i}, V_i(T) = V_{T,i} \tag{6-18}$$

$$Q_i^{opt} = \frac{-k_{f,i} + \sqrt{k_{f,i}^2 - 3k_{q,i}[k_{c,i} - H_{Z,i}(t)]}}{3k_{q,i}} \tag{6-19}$$

$$S_i = Q_{O,i} - \min(Q_i^{opt}, Q_i^{max}) \tag{6-20}$$

$$P_{H,i}(t) = 9.81 \eta_i Q_i(t) \left[\frac{Z_i(t-1) + Z_i(t)}{2} - Z_{D,i}(t) - \Delta H_{L,i}(t) \right] \tag{6-21}$$

$$\sum_{i=1}^{N} \max(P_{\text{H},i}^{\max} - P_{\text{H},i}(t), MSR_{\text{H},i}) + \sum_{j=1}^{M} \max(P_{\text{Th},i}^{\max} - P_{\text{Th},i}(t), MSR_{\text{Th},j}) \geqslant MSSR$$

$$(6\text{-}22)$$

以上各式中参数意义同式(5-16) ~ 式(5-29)。

6.3 多目标节能调度模型求解的仿电磁学算法与数据包络分析方法

6.3.1 多目标优化问题的 Pareto 最优解

多目标优化问题与单目标优化问题的显著区别在于其有多个有待优化的指标,其数学理论基础是向量最优化理论,决策变量和待优化目标都可以采用向量的形式进行统一表示,其一般的数学表达式可表示为[157]

$$\begin{cases} \text{V} - \min F(\boldsymbol{x}) = (f_1(\boldsymbol{x}), f_2(\boldsymbol{x}), \cdots, f_p(\boldsymbol{x})) \\ \text{s. t. } \boldsymbol{g}(\boldsymbol{x}) \leqslant 0 \\ \quad\boldsymbol{h}(\boldsymbol{x}) = 0 \end{cases} \quad (6\text{-}23)$$

按照单目标优化模型绝对最优解的定义方法,多目标优化模型绝对最优解的定义为:令 $\mathbf{R} = \{\boldsymbol{x} | \boldsymbol{g}(\boldsymbol{x}) \leqslant 0, \boldsymbol{h}(\boldsymbol{x}) = 0\}$,若对于 $\forall \boldsymbol{x} \in \mathbf{R}$,总有 $F(\boldsymbol{x}^*) \leqslant F(\boldsymbol{x})$ 成立,则称 $\boldsymbol{x}^*$ 为多目标优化问题式(6-23)的绝对最优解。但一般而言在多目标优化问题中,多个优化指标间除具有不可公度性的特点外,优化指标间还相互矛盾、相互冲突,某个优化指标的改善会导致某些优化指标的恶化,因此多目标优化问题一般不存在绝对最优解。法国经济学家 Pareto 针对多目标优化问题解的特性,首次提出多目标优化问题的非劣解概念或称为 Pareto 最优解,其具体的定义有 2 个[157]。

(1)有效解:令 $\mathbf{R} = \{\boldsymbol{x} | \boldsymbol{g}(\boldsymbol{x}) \leqslant 0, \boldsymbol{h}(\boldsymbol{x}) = 0\}$,对于 $\boldsymbol{x}^* \in \mathbf{R}$,若不存在 $\boldsymbol{x} \in \mathbf{R}$ 使得 $F(\boldsymbol{x}) \leqslant F(\boldsymbol{x}^*)$ 成立,则称 $\boldsymbol{x}^*$ 为多目标优化问题有效解或非劣解。

(2)弱有效解:令 $\mathbf{R} = \{\boldsymbol{x} | \boldsymbol{g}(\boldsymbol{x}) \leqslant 0, \boldsymbol{h}(\boldsymbol{x}) = 0\}$,对于 $\boldsymbol{x}^* \in \mathbf{R}$,若不存在 $\boldsymbol{x} \in \mathbf{R}$ 使得 $F(\boldsymbol{x}) < F(\boldsymbol{x}^*)$ 成立,则称 $\boldsymbol{x}^*$ 为多目标优化问题弱有效解或弱非劣解。

根据多目标优化问题 Pareto 最优解的定义可知,其 Pareto 最优解不是唯一的,而是由多个非劣解或弱非劣解组成的一个集合。利用 Pareto 有效解定义多目标优化问题最优解的优势在于,针对相互冲突的优化指标,可以给决策者提供多种决策方案,使决策者可根据自身的偏好选择相应的决策方案。因此,针对多目标优化问题,其 Pareto 最优解的求解方法成为关键,也是一直以来国内外学者研究的热点。目前 Pareto 最优解的生成技术主要通过非劣解生成技术、融入决策者偏好的生成技术和交互式求解技术,从优化方法上主要采用常规优化算法和人工智能算法来实现 Pareto 最优解的生成,而群体智能算法因其本身的并行搜索特性,为求解多目标优化问题 Pareto 最优解提供了新途径,目前以群体智能算法为基础的 SPEA 算法[158]、PAES 算法[159]、NSGA - Ⅱ算法[160]等已成功用于多目标优化问题的求解中。

6.3.2　数据包络分析基础理论

数据包络分析(Data Envelopment Analysis,简称 DEA)是利用数学规划模型对具有多个输入和多个产出的决策单元(Decision Making Units,简称 DMU)进行生产相对有效性和效益分析评价的非参数方法,由著名的运筹学家 Charnes A、Cooper W W 和 Rhodes E 于 1978 年共同提出,经过 30 多年发展已经成为理论成熟的系统相对有效性评价的数学方法。对决策单元的相对有效性进行评价时,由于采用的是非参数方法,所需基础资料相对较少且可为决策者提供丰富的管理信息,在众多领域都有广泛的应用,在电力系统领域如电力公司运行效益评价[161]、火电厂运行效益评价[162]、黑启动方案评价[163]等方面也获得了一定应用。在本小节首先对数据包络分析生产可能集、数学模型和主要定理进行介绍,以便为在多目标优化问题求解中的应用提供理论基础。

6.3.2.1　数据包络分析相关概念[164]

1. 决策单元

在实际生产过程中,一个生产部门或经济系统通过投入一定数量的生产要素进行生产活动时,从投入到产出的过程需要经过一系列的决策。在数据包络分析理论中将能通过一定生产要素投入并通过一系列决策过程能进行一定数量产出的经济实体(生产部门或经济系统等)称为决策单元。

2. 生产可能集(Production Possibility Set)

数据包络分析是建立在决策单元生产投入和产出基础上,因此利用数据包络分析对决策单元生产的相对有效性进行分析时,要以决策单元实际可行的生产和产出为前提。对一个决策单元而言,若其生产投入为 X,其实际生产产出为 Y,则称(X,Y)是一个可行的生产方案,由所有可行生产方案构成的集合称为生产可能集。对于一个具有 m 个输入和 s 个产出的决策单元,则生产可能集 T 可以被定义为

$$T \equiv \{(X,Y):由输入 X 可得到产出 Y\} \tag{6-24}$$

根据式(6-24)可知,生产可能集元素的个数非常大,实际中通过采用决策单元典型的生产输入和产出来构建其生产可能集,称为经验生产可能集(Empirical Production Possibility Set)。在对经验生产可能集构建时通常需要满足以下几个公理:

(1)平凡公理。$(X,Y) \in T$,即生产可能集的构建,要以决策单元已存在的可行的决策为基础。

(2)凸性公理。若$(X,Y) \in T,(\overline{X},\overline{Y}) \in T$,构造的经验生产可能集对于$\forall \lambda \in [0,1]$都有$(\lambda X + (1 - \lambda)\overline{X}, \lambda Y + (1 - \lambda)\overline{Y}) \in T$。

(3)无效性公理。对于$\forall (X,Y) \in T$,对满足$\overline{X} \geq X, \overline{Y} \leq Y$的任意$(\overline{X},\overline{Y}) \in T$,其意义在于对于已知的可行决策$(X,Y)$,输入相对增加和产出相对减少的决策是可行的。

(4)外延公理。若生产可能集$\overline{T}$满足公理(1)、(2)、(3),则经验生产可能集$T \in \overline{T}$。该公理的含义在于经验生产可能集是通过已知可行决策得到的最小生产可能集,任何满足公理(1)、(2)、(3)的生产可能集$\overline{T}$应该包含经验生产可能集T。

(5)最小性公理。生产可能集是满足上述公理(1)、(2)、(3)所有集合的交集。

若X为$m \times n$维矩阵,Y为$s \times n$维矩阵,λ为n维列向量,X_{j_0}为m维列向量,为待评价决策单元的输入,$X_{j_0} \in X, Y_{j_0}$为s维列向量,为待评价决策单元的输出,$Y_{j_0} \in Y$,则满足上述公理条件的生产可能集的数学模型可表示为

$$T = \{(X,Y) : X\lambda \leq X_{j_0}, Y\lambda \geq Y_{j_0}, \lambda \geq 0\} \tag{6-25}$$

3. 生产前沿面(Production Frontier)

由生产可能集的无效性公理可知,在生产过程中允许存在资源浪费的现象,即对一个已知可行的决策输入相对增加和产出相对减少的决策是可行的。对于一个已知决策,若投入的减少必然导致产出的减少,则该决策不存在资源浪费,其决策为生产有效,所有生产有效的决策组成的集合构成了数据包络分析的生产前沿面,在数学意义上为数据包络分析生产可能集的支撑超平面。

6.3.2.2 数据包络分析的 CCR 模型(Charnes,Cooper 和 Rhodes,1978)

在生产可能集和经济学领域生产效率理论的基础上,经过众多学者的研究,至今已有大量的数据包络分析数学模型,如 CCR 模型、BCC 模型、半无限规划模型、随机 DEA 模型等。在本书中利用数据包络分析理论对多目标节能

调度模型的求解是以 CCR 模型为基础,在此仅对 CCR 模型进行理论分析。

CCR 模型用来评价决策单元的规模有效性,利用其评价决策单元相对有效性时,假定其生产的规模收益不变,即输入变化的比率等于产出变化的比率。以经验生产可能集为基础构建的 CCR 模型有面向输入的 CCR 模型(CCR – I)和面向输出的 CCR 模型(CCR – O),其数学模型如式(6-26)和式(6-27)所示。

$$[\text{CCR} - \text{I}] \begin{cases} \min\limits_{\theta,\lambda} \theta \\ \text{s. t. } \boldsymbol{X}\lambda \leqslant \theta \boldsymbol{X}_{j_0} \\ \quad \boldsymbol{Y}\lambda \geqslant \boldsymbol{Y}_{j_0} \\ \quad \lambda \geqslant 0, \theta \in \mathbf{R}^1 \end{cases} \tag{6-26}$$

$$[\text{CCR} - \text{O}] \begin{cases} \max\limits_{\phi,\lambda} \phi \\ \text{s. t. } \boldsymbol{X}\lambda \leqslant \boldsymbol{X}_{j_0} \\ \quad \boldsymbol{Y}\lambda \geqslant \phi \boldsymbol{Y}_{j_0} \\ \quad \lambda \geqslant 0, \phi \in \mathbf{R}^1 \end{cases} \tag{6-27}$$

式(6-26)、式(6-27)中,$\boldsymbol{X}$、$\boldsymbol{Y}$、$\boldsymbol{X}_{j_0}$、$\boldsymbol{Y}_{j_0}$ 是由已知的可行决策确定的,为已知量,只有 λ 和 θ 为未知量,从数学模型上看,CCR – I 和 CCR – O 为线性规划模型;从模型的约束条件看,当 $\theta = 1$ 和 $\phi = 1$ 时,约束条件构成了决策单元的生产可能集,表明数据包络分析模型的构建是以决策单元的生产可能集为理论基础的。θ、ϕ 在经济学意义上为决策单元的规模效益因子,其中 $0 \leqslant \theta \leqslant 1$,$\phi \geqslant 1$,两者在数值上互为倒数。对于决策单元的已知决策方案 $(\boldsymbol{X}_{j_0}, \boldsymbol{Y}_{j_0})$,利用数据包络分析 CCR 模型评价其生产的相对有效性时,若采用 CCR – I 模型,当 $\theta < 1$ 时,表明该决策方案相对于已有的其他决策方案还存在资源浪费现象,在保证生产水平不变的情况下,通过生产调整可进一步减少 $(1 - \theta)\boldsymbol{X}_{j_0}$ 的投入;若采用 CCR – O 模型,当 $\phi > 1$ 时,表明该决策方案相对于已有的其他决策方案在保证生产投入不变的情况下,通过生产调整可进一步增加 $(\phi - 1)\boldsymbol{Y}_{j_0}$ 的产出;当决策方案 $(\boldsymbol{X}_{j_0}, \boldsymbol{Y}_{j_0})$ 相对于其他决策方案具有生产有效性时,CCR – I 模型和 CCR – O 模型的规模效益因子 θ 和 ϕ 的值均为 1,该决策方案不存在生产资源浪费的现象,在生产可能集中位于经验生产可能集的边界上。下面通过例子说明 CCR – I 和 CCR – O 模型的构建方法,决策单元的投入和产出的表示如图 6.3-1 所示。

$$\mathrm{DM_1}\quad \mathrm{DM_2}\cdots \mathrm{DM}_{j_0}\cdots \mathrm{DM}_n \qquad \mathrm{DM_1}\quad \mathrm{DM_2}\cdots \mathrm{DM}_{j_0}\cdots \mathrm{DM}_n$$

$$
\begin{matrix}
1\to \\ 2\to \\ \vdots \\ m\to
\end{matrix}
\begin{bmatrix} x_{11} \\ x_{21} \\ \vdots \\ x_{m1} \end{bmatrix}
\begin{bmatrix} x_{12} \\ x_{22} \\ \vdots \\ x_{m2} \end{bmatrix}\cdots
\begin{bmatrix} x_{1j_0} \\ x_{2j_0} \\ \vdots \\ x_{mj_0} \end{bmatrix}\cdots
\begin{bmatrix} x_{1n} \\ x_{2n} \\ \vdots \\ x_{mn} \end{bmatrix}
\begin{bmatrix} y_{11} \\ y_{21} \\ \vdots \\ y_{s1} \end{bmatrix}
\begin{bmatrix} y_{12} \\ y_{22} \\ \vdots \\ y_{s2} \end{bmatrix}\cdots
\begin{bmatrix} y_{1j_0} \\ y_{2j_0} \\ \vdots \\ y_{sj_0} \end{bmatrix}
\begin{bmatrix} y_{1n} \\ y_{2n} \\ \vdots \\ y_{sn} \end{bmatrix}
\begin{matrix} \to 1 \\ \to 2 \\ \vdots \\ \to s \end{matrix}
$$

图 6.3-1　决策单元的投入和产出数据

决策单元 j_0 数据包络分析的 CCR - I 模型为

$$
\begin{cases}
\min\limits_{\theta,\lambda}\theta \\
\text{s. t.}\ \begin{bmatrix} x_{11} \\ x_{21} \\ \vdots \\ x_{m1} \end{bmatrix}\lambda_1 + \begin{bmatrix} x_{12} \\ x_{22} \\ \vdots \\ x_{m2} \end{bmatrix}\lambda_2 + \cdots + \begin{bmatrix} x_{1j_0} \\ x_{2j_0} \\ \vdots \\ x_{mj_0} \end{bmatrix}\lambda_{j_0}\cdots + \begin{bmatrix} x_{1n} \\ x_{2n} \\ \vdots \\ x_{mn} \end{bmatrix}\lambda_n \leqslant \theta \begin{bmatrix} x_{1j_0} \\ x_{2j_0} \\ \vdots \\ x_{mj_0} \end{bmatrix} \\[4em]
\begin{bmatrix} y_{11} \\ y_{21} \\ \vdots \\ y_{s_1} \end{bmatrix}\lambda_1 + \begin{bmatrix} y_{12} \\ y_{22} \\ \vdots \\ y_{s_2} \end{bmatrix}\lambda_2 + \cdots + \begin{bmatrix} y_{1j_0} \\ y_{2j_0} \\ \vdots \\ y_{sj_0} \end{bmatrix}\lambda_{j_0} + \begin{bmatrix} y_{1n} \\ y_{2n} \\ \vdots \\ y_{sn} \end{bmatrix}\lambda_n \geqslant \begin{bmatrix} y_{1j_0} \\ y_{2j_0} \\ \vdots \\ y_{sj_0} \end{bmatrix} \\[4em]
\lambda_j \geqslant 0, j = 1,2,\cdots,n
\end{cases}
\tag{6-28}
$$

$\boldsymbol{X}_j = \begin{bmatrix} x_{1j} & x_{2j} & \cdots & x_{mj} \end{bmatrix}^{\mathrm{T}}, \boldsymbol{Y}_j = \begin{bmatrix} y_{1j} & y_{2j} & \cdots & y_{sj} \end{bmatrix}^{\mathrm{T}}$ 分别为决策单元 j 的 m 种类型的生产投入和生产产出；$X_{j_0} = \begin{bmatrix} x_{1j_0} & x_{2j_0} & \cdots & x_{mj_0} \end{bmatrix}^{\mathrm{T}}$，$\boldsymbol{Y}_{j_0} = \begin{bmatrix} y_{1j_0} & y_{2j_0} & \cdots & y_{sj_0} \end{bmatrix}^{\mathrm{T}}$ 分别为待评价决策单元 j_0 的 m 种类型的生产投入和生产产出；$\lambda = \begin{bmatrix} \lambda_1 & \lambda_2 & \cdots & \lambda_n \end{bmatrix}^{\mathrm{T}}$ 为待确定的决策单元的辅助权重系数，则决策单元 j_0 数据包络分析的 CCR - I 模型的简化形式为

$$
\begin{cases}
\min\limits_{\theta,\lambda}\theta \\
\text{s. t.}\ \sum\limits_{j=1}^{n} \boldsymbol{X}_j\lambda_j \leqslant \theta \boldsymbol{X}_{j_0} \\
\quad\ \sum\limits_{j=1}^{n} \boldsymbol{Y}_j\lambda_j \geqslant \boldsymbol{Y}_{j_0} \\
\quad\ \lambda \geqslant 0, \theta \in \mathbf{R}^1
\end{cases}
\tag{6-29}
$$

决策单元 j_0 数据包络分析的 CCR – O 模型为

$$\begin{cases} \max\limits_{\phi,\lambda} \phi \\[2mm] \text{s. t.} \begin{bmatrix} x_{11} \\ x_{21} \\ \vdots \\ x_{m1} \end{bmatrix}\lambda_1 + \begin{bmatrix} x_{12} \\ x_{22} \\ \vdots \\ x_{m2} \end{bmatrix}\lambda_2 + \cdots + \begin{bmatrix} x_{1j_0} \\ x_{2j_0} \\ \vdots \\ x_{mj_0} \end{bmatrix}\lambda_{j_0}\cdots + \begin{bmatrix} x_{1n} \\ x_{2n} \\ \vdots \\ x_{mn} \end{bmatrix}\lambda_n \leqslant \begin{bmatrix} x_{1j_0} \\ x_{2j_0} \\ \vdots \\ x_{mj_0} \end{bmatrix} \\[6mm] \begin{bmatrix} y_{11} \\ y_{21} \\ \vdots \\ y_{s1} \end{bmatrix}\lambda_1 + \begin{bmatrix} y_{12} \\ y_{22} \\ \vdots \\ y_{s2} \end{bmatrix}\lambda_2 + \cdots + \begin{bmatrix} y_{1j_0} \\ y_{2j_0} \\ \vdots \\ y_{sj_0} \end{bmatrix}\lambda_{j_0}\cdots + \begin{bmatrix} y_{1n} \\ y_{2n} \\ \vdots \\ y_{sn} \end{bmatrix}\lambda_n \geqslant \phi \begin{bmatrix} y_{1j_0} \\ y_{2j_0} \\ \vdots \\ y_{sj_0} \end{bmatrix} \\[6mm] \lambda_j \geqslant 0, j = 1,2,\cdots,n \end{cases} \tag{6-30}$$

决策单元 j_0 数据包络分析的 CCR – O 模型的简化形式为

$$\begin{cases} \max\limits_{\phi,\lambda} \phi \\[2mm] \text{s. t.} \sum\limits_{j=1}^{n} X_j \lambda_j \leqslant X_{j_0} \\[4mm] \sum\limits_{j=1}^{n} Y_j \lambda_j \geqslant \phi Y_{j_0} \\[2mm] \lambda \geqslant 0, \phi \in \mathbf{R}^1 \end{cases} \tag{6-31}$$

6.3.2.3 数据包络分析相关定理[164]

（1）存在性定理。对于待评价的决策单元,至少存在一个是 DEA 有效的,即始终有一个决策相对于其他决策而言是生产有效的,在生产可能集中位于其边界处。

（2）有效性判定定理。若线性规划 CCR – I 和 CCR – O 的最优值 $\theta = 1$、$\phi = 1$,则待评价决策单元 j_0 为弱 DEA 有效;若最优值 $\theta = 1$、$\phi = 1$,$\lambda > 0$,则待评价决策单元 j_0 为 DEA 有效。对于生产非有效的决策单元,θ 值越大,ϕ 值越小,其距离有效的决策单元就越近,其生产的相对有效性就越好。

（3）有效性与量纲选取无关定理。待评价决策单元的 DEA 弱有效性和有效性与决策单元的输入量纲和输出量纲选取无关,即在有效性评价时不同决策单元相应的输入、输出单位只要统一,采用何种单位对决策单元的 DEA 有效性不会产生影响。

(4)有效性与决策单元同倍增长无关定理。待评价决策单元的 DEA 弱有效性和有效性与决策单元的输入和输出同倍增长无关。该定理为模型构建和求解时数据的同比例变换提供了理论依据。

(5)有效性与多目标规划 Pareto 有效解等价定理。对于一个决策单元，要求以较少的投入获得最大的产出，则以输入最小和产出最大作为目标函数，以生产可能集作为约束条件就构成了多目标优化问题式(6-32)，则多目标优化问题的 Pareto 有效解和 DEA 有效性是等价的。该定理为 DEA 理论在多目标优化问题求解中的应用提供了理论依据。

$$\begin{cases} V - \min F(X,Y) = (f_1(X,Y), f_2(X,Y), \cdots, f_p(X,Y)) \\ \text{s. t. } (X,Y) \in T \end{cases} \tag{6-32}$$

6.3.2.4 采用数据包络分析 CCR 模型对决策单元评价的一般步骤

(1)确定待评价决策单元的投入和产出指标。在确定投入和产出指标时，要充分考虑所选指标的全面性、导向性、可操作性和系统性等。

(2)确定决策单元的经验生产可能集。生产可能集是数据包络分析模型构建的基础，在投入和产出指标确定的基础上，利用式(6-25)确定待评价决策单元的生产可能集。

(3)构建决策单元的 CCR-I 或 CCR-O 模型。按照 6.3.2.2 小节所述的方法，以经验生产可能集为基础构建待评价决策单元的 CCR-I 或 CCR-O 模型，针对模型的线性特点采用线性规划求解，得出相应决策单元的 DEA 值，其值越接近于 1，其决策的综合效益越好。

6.3.3 基于仿电磁学算法和数据包络分析的多目标节能调度模型求解

6.3.3.1 水火电力系统数据包络分析 CCR 模型的投入和产出指标

在水火电力系统运行过程中，可将其看作通过一定数量的水能资源、燃煤等碳基能源的投入来进行电能产出的生产部门，其运行本身是多个运行指标间的合理协调问题，根据数据包络分析理论决策单元有效性与式(6-32)所构成的多目标优化问题的 Pareto 有效解具有等价性，只要将水火电力系统多目标节能调度模型转化为式(6-32)的形式，既可利用数据包络分析方法求解出多目标优化问题的 Pareto 有效解，而其 CCR 模型投入和产出指标的确定是构建式(6-32)多目标优化模型的前提和基础。

根据水火电力系统多目标节能调度模型式(6-1)~式(6-22)可知，其运行过程中要求整个调度周期内煤耗量最小、污染气体排放量最小、网损最小和中长期调节电站调度周期末蓄水量最大，数据包络分析模型中投入要求最小、产出要求最大,因此整个调度周期内煤耗量最小、污染气体排放量最小、网损最小作为 CCR 模型的投入指标,中长期调节电站调度周期末蓄水量最大式(6-4)作为 CCR 模型的产出指标,则可反映电力系统运行的综合经济性。

水火电力系统运行计划要满足相关约束条件即式(6-5)~式(6-22),因此,在利用数据包络分析求解多目标优化问题的过程中需使约束违背量逐步减小,到算法终止时约束条件需全部得到满足。Arakawa 等[165]首次利用数据包络分析和群体智能算法融合求解多目标优化问题,对于约束条件通过罚函数将其融入到目标函数中,为避免数据包络分析模型中投入和产出的负值问题,还需对融入惩罚函数的目标函数进行非负处理,但该过程没有采用同比例变换,不仅处理方法相对复杂且有可能改变原决策方案数据包络分析有效性。为有效处理多目标优化问题的约束条件,将约束条件的违背量作为数据包络分析的输入指标,可弥补罚函数法处理约束条件的缺点,并可通过 DEA 值和约束条件违背量双重准则促进算法向满足约束条件的数据包络分析有效生产前沿面进化,因此节能调度模型约束条件的违背量也作为数据包络分析 CCR 模型的输入指标。

水火电力系统数据包络分析 CCR 模型具体的投入和产出指标如表 6.3-1 所示。

表 6.3-1　水火电力系统数据包络分析 CCR 模型投入和产出指标

指标名称	目标	指标数学模型
输入指标	整个调度周期内煤耗量最小	式(6-1)
	污染气体排放量最小	式(6-4)
	网损最小	式(6-7)
	约束条件的违背量最小	利用罚函数法对式(6-9)、式(6-11)、式(6-12)、式(6-13)和式(6-22)变换得到
输出指标	中长期调节电站调度周期末蓄水量最大	式(6-8)

6.3.3.2　基于仿电磁学算法和数据包络分析的多目标节能调度模型求解思路

在确定水火电力系统数据包络分析 CCR 模型具体投入和产出指标基础上,利用仿电磁学算法和数据包络分析联合求解多目标节能调度模型,首先将多目标节能调度模型转化为式（6-32）的形式。根据 5.4.2.2，在利用仿电磁学算法求解节能调度模型时，以水电站的发电流量和火电厂的机组出力作为内生变量，而每个种群个体代表水火电力系统的一种运行情形，不管该决策是否满足其运行约束条件，其都对应一组煤耗量、气体排放量、网损、约束条件违背量、中长期调节电站末期蓄水量情况，因此可以将仿电磁学算法中每个种群个体所对应的输入指标和输出指标作为一个决策单元，则在数据包络分析 CCR 模型中的经验生产可能集由仿电磁学算法中每个种群个体所对应的输入指标和输出指标确定。若仿电磁学算法中有 n 个种群个体，则其对应的数据包络分析 CCR 模型中有 m 个决策单元，h_{1j}、h_{2j}、h_{3j}、h_{4j} 和 h_{5j} 分别为第 j 个决策单元的煤耗量最小、污染气体排放量最小、网损最小、约束条件违背量最小和中长期调节电站末期蓄水量最大指标，h_{1j_0}、h_{2j_0}、h_{3j_0}、h_{4j_0} 和 h_{5j_0} 为待评价决策单元的输入和产出指标，其决策单元的投入和产出数据如图 6.3-2 所示。

$$\mathrm{DM}_1 \quad \mathrm{DM}_2 \cdots \mathrm{DM}_{j_0} \cdots \mathrm{DM}_m \qquad \mathrm{DM}_1 \quad \mathrm{DM}_2 \cdots \mathrm{DM}_{j_0} \cdots \mathrm{DM}_m$$

$$
\begin{matrix}
1 \to \\
2 \to \\
3 \to \\
4 \to
\end{matrix}
\begin{bmatrix} h_{11} \\ h_{21} \\ h_{31} \\ h_{41} \end{bmatrix}
\begin{bmatrix} h_{12} \\ h_{22} \\ h_{32} \\ h_{42} \end{bmatrix} \cdots
\begin{bmatrix} h_{1j_0} \\ h_{2j_0} \\ h_{3j_0} \\ h_{4j_0} \end{bmatrix} \cdots
\begin{bmatrix} h_{1m} \\ h_{2m} \\ h_{3m} \\ h_{4m} \end{bmatrix}
\qquad
[h_{51}] \quad [h_{52}] \cdots [h_{5j_0}] \cdots [h_{5m}] \to 1
$$

图 6.3-2　水火电力系统决策单元的投入和产出数据

$\boldsymbol{h}_j = \begin{bmatrix} h_{1j} & h_{2j} & h_{3j} & h_{4j} \end{bmatrix}^{\mathrm{T}}$，$\boldsymbol{h}_{j_0} = \begin{bmatrix} h_{1j_0} & h_{2j_0} & h_{3j_0} & h_{4j_0} \end{bmatrix}^{\mathrm{T}}$ 分别为第 j 个决策单元和待评价决策单元的输入指标，根据数据包络分析 CCR 模型的构建方法，利用水火电力系统决策单元的投入和产出数据所得到的数据包络分析 CCR $-$ I 和 CCR $-$ O 模型分别为

$$
[\mathrm{CCR} - \mathrm{I}]
\begin{cases}
\min\limits_{\theta,\lambda} \theta \\[2mm]
\mathrm{s.\,t.} \displaystyle\sum_{j=1}^{m} \boldsymbol{h}_j \lambda_j \leqslant \theta \boldsymbol{h}_{j_0} \\[4mm]
\displaystyle\sum_{j=1}^{m} h_{5j} \lambda_j \geqslant h_{5j_0} \\[4mm]
\lambda \geqslant 0, \theta \in \mathbf{R}^1
\end{cases}
\tag{6-33}
$$

$$\left[\text{CCR} - \text{O}\right]\begin{cases} \max_{\phi,\lambda}\phi \\ \text{s. t. } \sum_{j=1}^{m} \boldsymbol{h}_j \lambda_j \leqslant \boldsymbol{h}_{j_0} \\ \sum_{j=1}^{m} h_{5j} \lambda_j \geqslant \phi h_{5j_0} \\ \lambda \geqslant 0, \phi \in \mathbf{R}^1 \end{cases} \tag{6-34}$$

若采用 f_5 表示约束条件违背量最小的优化目标,$\boldsymbol{Q}$ 为水电站发电流量,P_{Th} 为火 电 厂 出 力,$\boldsymbol{X} = \begin{bmatrix} f_1(\boldsymbol{Q}, P_{\text{Th}}) & f_2(\boldsymbol{Q}, P_{\text{Th}}) & f_3(\boldsymbol{Q}, P_{\text{Th}}) & f_5(\boldsymbol{Q}, P_{\text{Th}}) \end{bmatrix}^{\text{T}}$,$\boldsymbol{Y} = \begin{bmatrix} f_4(\boldsymbol{Q}, P_{\text{Th}}) \end{bmatrix}$,根据数据包络分析有效性和多目标 Pareto 有效解等价定理,数据包络分析 CCR 模型式(6-33)和式(6-34)与多目标优化问题式(6-35)是等价的。

$$\begin{cases} \text{V} - \min F(\boldsymbol{X}, \boldsymbol{Y}) = (f_1(\boldsymbol{X}, \boldsymbol{Y}), f_2(\boldsymbol{X}, \boldsymbol{Y}), f_3(\boldsymbol{X}, \boldsymbol{Y}), f_5(\boldsymbol{X}, \boldsymbol{Y}), -f_4(\boldsymbol{X}, \boldsymbol{Y})) \\ \text{s. t. } (\boldsymbol{X}, \boldsymbol{Y}) \in \boldsymbol{T} \\ \boldsymbol{T} = \{(\boldsymbol{X}, \boldsymbol{Y}) : \boldsymbol{X}\lambda \leqslant \boldsymbol{X}_{j_0}, \boldsymbol{Y}\lambda \geqslant \boldsymbol{Y}_{j_0}, \lambda \geqslant 0\} \end{cases}$$

$$(6-35)$$

由于在式(6-35)中约束条件违背量最小目标函数的存在和多目标节能调度模型还不完全等价,若在式(6-35)中约束条件违背量达到最小值 0 且其生产可能集 $\boldsymbol{T}$ 完全由多目标节能调度模型的非劣解组成,则其与多目标节能调度模型具有等价性,即在满足水火电力系统约束条件下寻求多目标优化问题的 Pareto 有效解。因此,在利用仿电磁学算法的并行搜索特性和数据包络分析求解多目标优化问题时,需要解决两个问题:第一,要保证算法沿着约束违背量越来越小的方向搜索;第二,要保证算法在兼顾约束条件违背量影响下向水火电力系统多目标节能调度模型的 Pareto 有效解移动。

根据第 3 章仿电磁学算法理论分析,与其他人工智能算法相比,该算法的一个优越性就是可以使待优化问题的目标函数值以较高效率向下降方向移动,如果以约束条件违背量作为多目标节能调度模型第一层优化的评价函数,并以此为基础产生中间过渡种群可促进算法沿着约束违背量越来越小的方向搜索;第二层优化以仿电磁学算法的原始种群和过渡种群为基础,利用节能调度模型求解的数据包络分析 CCR 模型对原始种群和过渡种群间相应个体(或称为决策)进行比较,并利用 θ 值较大或 ϕ 值小的过渡种群个体代替原始种群中的相应个体。由于所建 CCR 模型中考虑了约束条件违背量的影响,因此可以促进算法向约束条件违背量小和生产相对有效的方向移动,即促进算法向经验生产可能集的有效前沿面移动,有利于算法找到多目标节能调度模型的 Pareto 有效解。

采用仿电磁学算法和数据包络分析 CCR 模型对多目标节能调度模型进行求解的思路可概括为:利用仿电磁学算法的并行搜索特性产生初始的水火电力系统运行计划,针对运行计划约束条件违背情况,以约束条件违背量为评价函数,利用仿电磁学算法的下降方向搜索特性,使算法向约束条件违背量减小的方向演化,并利用数据包络分析 CCR 模型提供的多个优化目标情况下运行计划的综合适应度函数值 θ 或 ϕ,产生新的水火电力系统运行计划,直到找到满足约束条件的多目标优化问题的 Pareto 有效解。

6.3.3.3 基于仿电磁学算法和数据包络分析的多目标节能调度模型求解步骤

在利用仿电磁学算法和数据包络分析求解水火电力系统多目标节能调度模型时,以水电站的发电流量和火电厂出力作为决策变量,以其对应的煤耗量、气体排放量、网损、约束条件违背量、中长期调节电站末期蓄水量作为数据包络分析 CCR 模型输入和产出指标。$f_{1,k}$、$f_{2,k}$、$f_{3,k}$、$f_{4,k}$、$f_{5,k}$ 分别表示算法第 k 次迭代的煤耗量、气体排放量、网损、约束条件违背量、中长期调节电站末期蓄水量情况,本书采用数据包络分析 CCR - I 模型,依据 6.3.3.2 所述的求解思路,多目标节能调度模型的求解理论框架如图 6.3-3 所示。

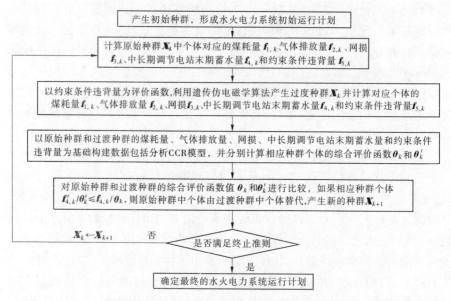

图 6.3-3 采用仿电磁学算法和数据包络分析的多目标节能调度模型的求解理论框架

根据仿电磁学算法和数据包络分析的多目标节能调度模型求解的理论框架,水火电力系统多目标节能调度模型求解的基本步骤为:

(1)参数的初始化。设置种群规模 m、决策变量的上下限、最大迭代次数、变异概率、交叉概率等。

(2)以梯级水电站的发电流量和火电厂机组的出力为决策变量,利用均匀随机数和载波方法产生满足决策变量上下限约束的初始种群 X_0。

(3)利用评价函数计算种群中个体的约束条件违背量 $f_{4,k}$,并以其为基础利用式(3-12)和式(3-13)计算种群个体电荷值 $q_{c,i}$ 和总受力大小 F_i。

(4)利用改进的全局搜索策略式(3-14)与遗传算法的交叉算子和变异算子产生新的种群 X'_k,并计算其约束违背量值 $f'_{4,k}$。

(5)以种群 X'_k 和 X_k 为基础,采用式(6-23)构建数据包络分析的 CCR – I 模型并计算种群中相应个体的综合目标函数值 θ'_k 和 θ_k;利用种群个体综合目标函数值和约束条件违背量计算 $f_{4,k}/\theta'_k$ 和 $f_{4,k}/\theta_k$,采用种群 X'_k 中 $f'_{4,k}/\theta'_k \leq f_{4,k}/\theta_k$ 的个体和种群 X_k 中 $f_{4,k}/\theta_k < f'_{4,k}/\theta'_k$ 的个体产生新的种群 X_{k+1}。

(6)令 $k = k + 1$,判断算法是否达到算法的终止条件,若没有,转入步骤(3)重复上述迭代步骤,若已满足终止条件则输出最优解和最终目标函数值。

6.4　实例应用

6.4.1　算例描述

本书采用广西红水河天生桥一级、天生桥二级、平班、龙滩、岩滩、大化、百龙滩、乐滩 8 座梯级水电站,广西贵港、钦州、北海、防城港、来宾 A、来宾 B、永福、柳州、合山、田东 10 座火电厂和广西 500 kV 电网为例进行仿真分析。表 5.2-1、表 5.2-2、表 5.5-1、表 5.5-2 为水电站和火电厂的基本参数及典型日负荷情况。图 6.4-1 为广西 500 kV 电网接线示意图,电网基础数据参见附录 A。根据附录 A 中广西 500 kV 电网基础数据形成节点导纳矩阵,以其为基础可确定简化方法计算电网网损时的 B 系数。广西 500 kV 电网 B 系数法计算网损的方法参见附录 B。

6.4.2　算例分析

在进行算例分析时,鉴于气体排放优化指标在本书所提多目标优化问题求解方法中的处理方法和其他优化指标具有相似之处,同时因暂时无法得到

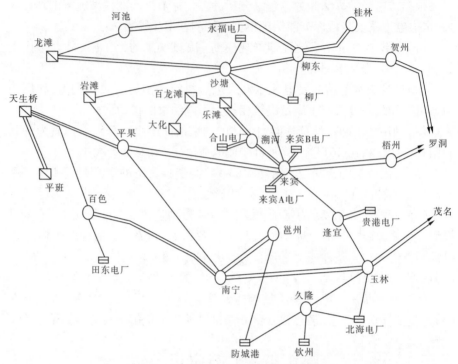

图 6.4-1　广西 500 kV 电网接线示意图

广西 10 座火电厂真实气体排放系数,在仿真时仅以煤耗量优化指标、电网网损优化指标、中长期有调节水电站用水优化指标为例来验证当采用仿电磁学算法和数据包络分析 CCR 模型求解水火电力系统多目标节能调度模型时的有效性。算法参数设置为:种群个数为 20;交叉概率和变异概率分别为 0.8 和 0.02;算法终止准则为迭代运行 2 000 代。

　　根据采用仿电磁学算法和数据包络分析求解多目标优化问题的基本思路,要想使其对水火电力系统多目标节能调度模型有效求解,需要保证算法向多目标优化问题 Pareto 有效解移动的同时,在算法终止时要使优化问题的约束条件得到满足。下面利用在求解过程中约束条件的变化情况来验证本书所提多目标优化问题求解方法的有效性。图 6.4-2 为算法求解迭代过程中约束条件最大违背量变化情况。

　　根据图 6.4-2 中约束条件最大违背量变化情况可以看出,虽然水电站出力约束违背量和系统负荷平衡约束违背量在算法进化初期出现暂时震荡现象,然而随着算法迭代次数的增加,水电站出力约束违背量和系统负荷平衡约

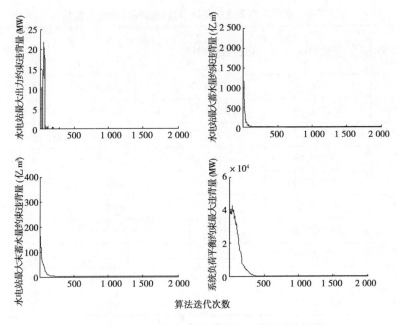

算法迭代次数

图 6.4-2　算法优化过程中约束条件最大违背量

束违背量不断减少,在算法终止时满足了约束条件;水电站蓄水量约束和末蓄水量约束违背量在算法迭代过程中基本上处于不断减少中,在算法终止时使约束条件得到较好的满足。由于图 6.4-2 为算法优化过程中约束条件的最大违背量变化情况,因此算法达到终止条件时对应的相应决策都满足水火电力系统联合运行的约束条件。上述优化结果表明,本书所提出利用约束条件违背量和数据包络分析提供的综合目标函数值 θ 作为算法的进化准则,不仅可发挥数据包络分析无须利用权重系数且不用考虑多个优化目标间性质的不同便可对多目标优化问题 Pareto 有效解评价的优势,且可与约束条件违背量共同作用使算法向满足约束条件的可行域方向迭代进化。

利用仿电磁学算法和数据包络分析方法求解多目标优化问题,除无须利用权重系数和不用考虑多个优化目标间性质不同的优点外,还可利用优化目标和 DEA 值双重准则为决策者选择相应的决策方案。表 6.4-1 为利用仿电磁学算法和数据包络分析方法所得到的多目标优化问题的 20 种决策方案,以此为基础说明采用优化目标和 DEA 值双重准则确定水火电力运行计划的方法。

表 6.4-1 水火电力系统多目标节能调度模型的优化结果

决策方案	煤耗量(t)	电网网损(MWh)	水电站末蓄水量 (亿 m³)	DEA 值
1	19 714.91	11 993.38	269.98	0.999 4
2	19 718.38	11 991.73	269.98	0.999 2
3	19 716.87	11 992.11	269.98	0.999 3
4	19 720.93	11 990.85	269.98	0.999 1
5	19 703.70	11 953.22	270.00	1.000 0
6	19 717.64	12 009.16	269.98	0.999 2
7	19 718.28	12 049.60	269.98	0.999 2
8	19 745.59	12 070.83	269.98	0.997 8
9	19 733.13	11 992.55	269.98	0.998 4
10	19 714.82	11 993.45	269.98	0.999 4
11	19 708.86	11 987.62	269.98	0.999 7
12	19 723.08	11 919.41	270.10	0.999 7
13	19 731.04	11 991.27	269.99	0.998 6
14	19 720.24	11 894.73	270.10	1.000 0
15	19 702.37	12 076.15	269.98	1.000 0
16	19 717.64	11 991.68	269.98	0.999 2
17	19 722.10	11 988.79	269.99	0.999 0
18	19 714.18	11 994.02	270.00	0.999 5
19	19 773.71	12 051.19	269.98	0.996 4
20	19 744.72	11 956.76	270.04	0.998 2

根据数据包络分析理论可知,对于数据包络分析 CCR – I 模型,其 DEA 值越接近于 1,说明决策单元的综合效益越好,对于多目标优化问题的解而言,表明相应优化问题的解越接近于多目标优化问题的 Pareto 有效解;当 DEA 值为 1 时,表明其对应的解为多目标优化问题的 Pareto 有效解。由采用仿电磁学算法和数据包络分析求解多目标节能调度模型时约束条件违背量情

况可知,在算法满足终止条件时,节能调度模型的约束条件都得到较好的满足。因此,表 6.4-1 的优化结果均满足水火电力系统运行的约束条件。在 20 种不同的决策方案中,决策方案 5、14 和 15 对应的 DEA 值为 1,表明其为多目标节能调度模型的 Pareto 有效解,决策者可在这 3 种决策方案中选择满足自己决策偏好的水火电力系统运行方案。例如,若决策者偏好于追求整个调度周期内煤耗量最小的优化指标,则可选择决策方案 15 作为水火电力运行的调度方案;若决策者偏好于追求整个调度周期内电网网损最小或调度周期末中长期调节水电站蓄水量最大的优化指标,则可选择决策方案 14 作为水火电力运行的调度方案。对于其他决策而言,虽然其对应的 DEA 值小于 1,但因为都非常接近于 1,可以近似认为是多目标优化问题的 Pareto 有效解,因此可在上述 20 种决策方案中选择满足决策者偏好的决策方案来确定水火电力系统的运行计划。因此,可以看出利用仿电磁学算法和数据包络分析方法不仅可有效求解多目标优化问题,而且可以通过利用优化目标和数据包络分析 DEA 值的双重准则选择满足决策者偏好和系统运行要求的决策方案,以减少多目标决策时的盲目性。

6.5 小　结

水火电力系统运行涉及多个运行指标间的协调,以实现电力系统多个运行指标间的合理协调和进一步提高其运行的综合经济性为目的,围绕着水火电力系统多目标优化问题,本章在节能调度模型的构建和求解方法方面主要做了以下工作:

(1)在分析国内外水火电力系统多目标优化指标现状基础上,针对含有梯级水电站的水火电力系统间的互动特性和梯级水电站间的时空耦合特性,以水能资源得到充分利用并有利于发挥中长期调节水电站在调节周期内对水能资源的调节作用、节约火电厂燃料耗量、减少对环境污染及降低电力传输过程中有功损耗为目的,构建了调度周期内火电厂燃料消耗量最小、氮氧化合物排放量最小、电网网损最小、中长期调节水电站调度周期末蓄水量最大的节能调度模型。

(2)针对新型群体智能算法——仿电磁学算法在求解具有强非线性优化问题方面的优势和算法搜索时的并行搜索特性,利用数据包络分析在对具有多个输入指标和多个输出指标进行综合评价方面的优势,提出采用仿电磁学算法和数据包络分析融合的多目标节能调度模型求解新方法,详细阐述算法的融合原理和求解步骤,采用该方法求解多目标节能调度模型时无须考虑目标函数间性质的不同,可给决策者提供多种选择方案,同时可利用优化目标和综合效益指标双重准则选择满足不同决策者偏好的决策方案。

第7章 含风电储能装置的复杂电力系统节能调度与优化方法

7.1 引 言

在我国很多地区已形成由大规模并网风电和火电联合供电的局面。风电的时空分布不均衡、波动性和反调峰性,使得其与火电在时空多维度上的动态协调能力不足,导致风电场的强迫弃风,不能充分发挥对火电的能源置换作用。随着储能技术的发展,其快速响应特征与功率能量的双向迁移能力,在改善风电出力波动性、提高风火电互补协调能力、优化能源利用效率等方面具有卓越优势。但因受风能资源分布、负荷时空特征、火电运行特性限制等多重因素的影响,如何合理确定风电系统的储能配置容量已成为当前的研究趋势[166-176]。

目前,已有很多文献对含有风电的微网系统[166]、孤网系统[167]、配电网[168]、分布式系统[169]的储能容量配置策略开展研究,但其主要利用储能系统(Energy Storage System,简称 ESS)的双向快速功率迁移特性来平抑风电的短期功率波动、提高风电电源可靠性、增加储能系统生命使用周期、改善电能质量、提高系统稳定性等,对储能系统的时空多维度能量输移特性考虑不足,因此难以将其直接应用于含大规模并网风电电力系统的储能容量配置[166-174]。

为降低大规模风电并网时的系统运行风险,提高风电电源的可靠性和可调度性等,国内外学者开始聚焦大规模并网风电的储能容量配置问题[175-180]。王成山等考虑储能系统效率、荷电状态等制约,提出储能容量最小配置的离散傅里叶频谱分析方法,其可以较经济的成本投入显著降低风电的波动率,但该方法需通过反复的数值仿真计算,且没有采用优化手段,确定的并非容量最优值。严干贵等通过储能容量需求和负荷波动间的关系分析,提出以系统净负荷时间分布特性为主要考虑因素的优化配置方法,能够实现风电的接纳能力和系统运行综合收益间的协调。韩涛等以风电场出力特征分布函数和风速概率分布为基础,提出提高大型风电场功率长时间输出稳定性的储能容量配置方法。黎静华等考虑风功率和负荷双随机特性的储能功率配置方法,可得到风火储系统的备用系数、储能最小调节功率,提高对风电的接纳能力。冯江霞等以储能投资和风电场总成本为指标,提出预调度计划下风电出力极小概率波动的储能容量配置方法,达到降低风电场运行风险及减少弃风量的目的。袁越等利用风电场中长期风速统计数据,提出最大化电池储能系统生命使用周期和提升风电场调度性的储能容量配置方法。

文献[175]~文献[180]主要从提高经济性、提升接纳水平及增强风电出力稳定性等方面,实现储能容量需求的协调配置,但其没有合理考虑风火储系统间的动态协调特性,所建模型难以有效反映风火储系统在时空多维度上的动态耦合关联关系及清洁风电时空尺度上的替代均衡作用,影响了风火储系统的经济高效运行。

本章针对大规模并网运行的风电场,假定各时段的预测功率分布已知且准确,以最大程度发挥风电对火电能源的替代置换为目的,研究考虑大规模风电与储能系统时空多维度上的动态耦合作用及风火储系统间的动态协调机制影响,兼顾储能系统功率调节与能量输移双重特征的容量多指标优化配置与协调调度方法。

7.2 ESS 对系统间动态协调机制的作用

7.2.1 风火电系统协调机制分析的数学建模

图 7.2-1 为简化的风火储电力系统。与已有文献从经济性和风电间歇波动性角度分析不同,本书从能源时空多尺度利用角度,分析 ESS 对风火电力系统动态协调机制的影响规律。

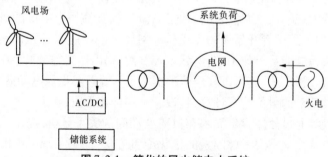

图 7.2-1　简化的风火储电力系统

因风电出力间歇波动性和负荷随机性可认为是系统净负荷预测偏差的动态分布对火电系统出力的再调整,所以假定风电功率和系统负荷预测完全准确,ESS 对风火电力系统的动态协调机制影响问题可描述为:已知调度期各时段风电预测功率和系统负荷,在满足系统负荷平衡、物理特性和运行约束下,ESS 的功率能量输移特性对风电能源置换替代作用规律。

P_D、P_T、P_W 分别为调度期内系统负荷、等值火电厂出力和等值并网风电场的预测功率向量;$\underline{p}$、$\bar{p}$ 分别为火电厂的最小和最大出力;a、b、c 分别为等值火电厂煤耗特性的一次系数、二次系数和常数项;ΔP_S 为 ESS 功率输移量;F 为调度期内火电机组运行总煤耗量;T 为调度总时段数。不考虑能量损失,仅从 ESS 功率能量的时空多维度迁移角度,分析其对调度周期内煤耗量的影响,数学模型可表示为

$$\min F = \sum_{t=1}^{T} \left[ap^2(t) + bp(t) + c \right]$$

$$p_w(t) + \Delta p_s(t) + p(t) = p_d(t) \tag{7-1}$$

$$p_w(t) + \Delta p_s(t) \geqslant 0 \tag{7-2}$$

$$\sum_{t=1}^{T} \Delta p_s(t) \geqslant 0 \tag{7-3}$$

$$\underline{p} \leqslant p(t) \leqslant \bar{p} \tag{7-4}$$

$$\boldsymbol{P}_D = \begin{bmatrix} p_d(1) & p_d(2) & \cdots & p_d(T) \end{bmatrix} \tag{7-5}$$

$$\boldsymbol{P}_W = \begin{bmatrix} p_w(1) & p_w(2) & \cdots & p_w(T) \end{bmatrix} \tag{7-6}$$

$$\Delta \boldsymbol{P}_S = \begin{bmatrix} \Delta p_s(1) & \Delta p_s(2) & \cdots & \Delta p_s(T) \end{bmatrix} \tag{7-7}$$

式(7-1)为考虑 ESS 影响的系统负荷平衡约束条件;式(7-2)、式(7-3)分别为风电场与 ESS 功率迁移和能量输移非负约束条件;式(7-4)为火电机组的出力约束条件。

$\lambda(t)$,$\mu_1(t)$,$\mu_2(t)$,$\mu_3(t)$,$\mu_4(t)$ 为拉格朗日乘子,依据上述模型,构造的拉格朗日函数为

$$L(p(t),\lambda(t),\mu_1(t),\mu_2(t),\mu_3(t),\mu_4(t)) = F - \sum_{t=1}^{T} \lambda(t)h(t) +$$

$$\sum_{i=1}^{T} \mu_1(t)g_1(t) + \sum_{t=1}^{T} \mu_2(t)g_2(t) + \sum_{t=1}^{T} \mu_3(t)g_3(t) + \sum_{t=1}^{T} \mu_4(t)g_4(t)$$

$$\begin{cases} h(t) = p_w(t) + \Delta p_s(t) + p(t) - p_d(t) \\ g_1(t) = p_w(t) + \Delta p_s(t) \\ g_2(t) = \sum_{t=1}^{T} \Delta p_s(t) \\ g_3(t) = p(t) - \bar{p} \\ g_4(t) = \bar{p} - p(t) \end{cases} \tag{7-8}$$

根据最优化理论[181]，可得到上述模型调度期内煤耗量最小的 KKT 极值条件为

$$
\begin{cases}
2ap(t) + b - \lambda(t) + \mu_3(t) - \mu_4(t) = 0 \\
p_w(t) + \Delta p_s(t) + p(t) = p_d(t) \\
p_w(t) + \Delta p_s(t) \geqslant 0 \\
\displaystyle\sum_{t=1}^{T} \Delta p_s(t) \geqslant 0 \\
p(t) - \underline{p} \geqslant 0 \\
\overline{p} - p(t) \geqslant 0 \\
\mu_1(t)[p_w(t) + \Delta p_s(t)] = 0 \\
\mu_2(t)\displaystyle\sum_{t=1}^{T} \Delta p_s(t) = 0 \\
\mu_3(t)[p(t) - \underline{p}] = 0 \\
\mu_4(t)[\overline{p} - p(t)] = 0 \\
\mu_1(t) \leqslant 0, \mu_2(t) \leqslant 0, \mu_3(t) \leqslant 0, \mu_4(t) \leqslant 0
\end{cases}
\tag{7-9}
$$

根据式(7-9)，可知储能功率迁移影响风电对火电的替代置换特征，以其为基础可分析 ESS 对动态协调机制的影响特性。

7.2.2　ESS 对风火电系统协调机制的影响分析

为简化分析，假设式(7-2)～式(7-4)的约束条件都被满足，则式(7-9)的 KKT 条件可简化为

$$
\begin{cases}
2ap(t) + b - \lambda(t) = 0 \\
p_w(t) + \Delta p_s(t) + p(t) = p_d(t)
\end{cases}
\tag{7-10}
$$

根据等微增率理论和式(7-10)，可得到火电机组调度期内获得最小燃料耗量时间 $p(t)$、$p_w(t)$、$\Delta p_s(t)$、$p_d(t)$ 的量化关系为

$$
\begin{cases}
p(1) = p(2) = \cdots = p(T) \\
p(t) = \dfrac{\displaystyle\sum_{t=1}^{T}[p_d(t) - p_w(t) - \Delta p_s(t)]}{T} + \dfrac{b}{2a}
\end{cases}
\tag{7-11}
$$

根据式(7-11)可知，各时段火电机组出力越小且相等时总燃料消耗量达

到最小,因此在满足各约束下,整个调度期内尽量保持火电机组承担负荷的均匀性。

当没有 ESS 时,为满足各时段火电机组出力均匀性,需利用风电对火电的协调机制动态调整其出力,但可能会增加弃风量,造成风电的替代置换效益降低。为增强风电的吸纳、减少清洁风电损失,火电需要承担负荷调峰的任务,将会使火电的煤耗量显著增加。

当火电、风电与 ESS 联合运行时,即 $\Delta p_s(t)$ 存在,因 ESS 具有功率能量时空多维度的迁移能力,可根据 ESS 的电源与负荷双重效用动态协调风火电间的耦合特性,促使火电尽量承担基荷的同时实现清洁风电的最大化利用。

7.2.3 大型并网风电场储能容量配置理论的可行性

以某简化风火电力系统为例分析 ESS 对风火电系统协调机制的有效性。假定等值风电场电厂容量为 300 MW,相邻时段预测功率为 200 MW、50 MW;火电机组容量为 300 MW,煤耗特性系数 a、b、c 的值分别为 4.5×10^{-4} t/MWh、0.3 t/MWh、3.5 t/h;系统相邻时段预测负荷为 300 MW、250 MW。

假定风电可以完全被系统消纳,P_S 为 ESS 配置容量;P_{T1}、P_{T2} 分别为时段 1、时段 2 的机组出力;F_1、F_2、F 分别为时段 1、时段 2 和时段总煤耗量。表 7.2-1 为风火联合电力系统中储能容量配置对火电厂煤耗的影响。

由表 7.2-1 可以看出,当 P_S 配置为 0 ~ 50 MW 时,随着 ESS 功率输移能力的增加,对火电机组出力进行调整能力增强,虽导致时段 1 煤耗量增加,但因 ESS 的动态协调使时段 2 煤耗减少量大于时段 1 煤耗增加量,两个时段总煤耗量降低,提升了风电能源的替代置换效益。当 P_S 配置为 50 MW 时,可使时段 1、时段 2 的机组出力相等,时段出力满足等微增率准则,系统时段总煤耗量最小,最大程度上发挥了风电的能源替代置换作用。

表 7.2-1 储能容量配置对火电机组煤耗影响

P_S(MW)	P_{T1}(MW)	P_{T2}(MW)	F_1(t)	F_2(t)	F(t)
0	100	200	38.00	81.50	119.50
10	110	190	41.95	76.75	118.69
20	120	180	45.98	72.08	118.06
30	130	170	50.11	67.51	117.61
40	140	160	54.32	63.02	117.34

P_S(MW)	P_{T1}(MW)	P_{T2}(MW)	F_1(t)	F_2(t)	F(t)
50	150	150	58.63	58.63	117.25
60	160	140	63.02	54.32	117.34
70	170	130	67.51	50.11	117.61
80	180	120	72.08	45.98	118.06
90	190	110	76.75	41.95	118.69
100	200	100	81.50	38.00	119.50

当 P_S 配置为大于 50 MW 时,若储能容量全部用于功率输移,导致时段出力偏离等微增率点,使得时段 2 煤耗量的减少量小于时段 1 煤耗量的增加量,促使时段总煤耗量增加。

P_S 配置为 50 MW 与没有配置储能相比,每小时可节约燃煤 2.25 t,按月计算燃煤节约量将更加明显。虽然 P_S 配置为 50 MW 时,系统时段煤耗量最少,但与 P_S 配置为 40 MW 时相比,系统总煤耗仅节约了 0.09 t。

根据以上分析可知:

(1)在大规模风火电协调运行电力系统中,合理配置 ESS 可充分发挥风电的能源互补优势,实现燃煤等非再生能源的节约。

(2)储能容量配置并非越大越好,过大则会增加系统运行成本,降低系统运行经济性。

(3)要从风电出力特征、系统负荷分布、火电运行特性、运行约束等方面综合确定大规模并网风电储能容量的配置。

7.3 风储系统动态耦合特性的数学描述

7.3.1 储能系统功率能量迁移特性

储能系统利用其对有功的存储和输出,实现有功能量在时空尺度分布上的动态调节,以满足电力能源的利用需求。E_{s0}、$E_s(t)$ 分别为时段初和 t 时段 ESS 存储的电能;$\Delta E_s(t)$ 为 t 时段 ESS 能量变化量;η_c、η_d 分别为 ESS 的充、放电效率。考虑功率能量输移过程中的能源损失及能量的累积传递特性,其功率能量迁移的数学模型可表示为

$$\begin{cases} E_s(t) = E_s(t-1) + \Delta E_s(t) \\ E_s(t) = E_{s0} + \sum_{1}^{t} \Delta E_s(t) \\ \Delta E_s(t) = -\eta_c \Delta p_s(t) \quad \Delta t \Delta p_s(t) < 0 \\ \Delta E_s(t) = \eta_d \Delta p_s(t) \quad \Delta t \Delta p_s(t) > 0 \end{cases} \tag{7-12}$$

7.3.2　风储系统的动态耦合特性

风储系统的动态耦合特性反映储能系统功率能量的输移对风电功率净输出特性的调节。$\bar{p}_w(t)$ 为风电输出的净功率,其数学模型可表示为

$$\begin{cases} \bar{p}_w(t) = p_w(t) + \Delta p_s(t) \\ E_s(t) = E_s(t-1) - \eta_c \Delta p_s(t) \Delta t \quad \Delta p_s(t) < 0 \\ E_s(t) = E_s(t-1) - \eta_d \Delta p_s(t) \Delta t \quad \Delta p_s(t) > 0 \end{cases} \tag{7-13}$$

7.4　含风电储能装置的复杂电力系统节能调度储能容量配置与调度模型

7.4.1　储能容量配置与调度模型的多效益指标

目前,大部分储能容量配置模型是在满足各种物理、运行、系统等约束下的调节功率或经济成本等单一指标的最优。而实际上受资源制约、成本影响、节能要求、运行特性限制等因素的影响,储能容量优化配置本质上是多个指标间的协调问题。本书从 ESS 的多维度动态互济特征和火电机组节能运行角度构建多效益指标的储能容量优化配置模型。

7.4.1.1　调度期内煤耗量最小指标

在大规模风火储电力系统中,为促进非可再生能源的可持续高效利用,进行储能容量配置时,除考虑提高风电吸纳水平和利用效率外,其中一个主要目标就是需在满足电力供需平衡的前提下,充分利用 ESS 的功率能量时空多维度动态耦合输移特性,增强风电的置换互补效益,最大程度上降低燃煤等非可再生能源的使用量,即整个调度期内煤耗量最小。

a_i、b_i、c_i 分别为机组 i 煤耗特性的一次系数、二次系数和常数项;Δt 为单一时段的时间间隔;$p_i(t)$ 为机组 i 时段 t 的出力。其优化指标可表示为

$$\min F_1 = \min \sum_{t=1}^{T} \sum_{i=1}^{M} \left[a_i p_i^2(t) + b_i p_i(t) + c_i \right] \Delta t \tag{7-14}$$

7.4.1.2 储能功率与能量综合协调最小指标

针对大规模风电的储能容量配置,要同时兼顾 ESS 功率调节和动态能量输移特性,储能容量越大,其功率能量输移特性越强,但其成本也越高[16]。因此,进行容量配置时,期望以较小的功率调节容量和能量输移容量最大化风储系统时空多维度上的耦合互济能力,提高风电接纳水平和增强其能源替代置换效益。考虑储能功率与能量综合协调时的优化指标可表示为

$$\min F_2 = \min \left[\max |E_s(t)| \times \max |\Delta p_s(t)| \right] \quad (t = 1, 2, \cdots, T) \quad (7\text{-}15)$$

式(7-15)优化指标的物理含义是:在有效实现功率调节容量和能量输移容量间动态协调的前提下,以较小的技术代价最大化 ESS 的多维度动态协调能力。

7.4.2 容量配置优化模型相关约束

在风火储电力系统中,容量配置优化模型约束条件包括除风电相关约束、火电相关约束、储能系统特性约束、系统约束、备用约束外,还有动态协调约束、能量守恒约束、能量循环约束等。

7.4.2.1 火电机组出力约束

火电机组运行时,因其机组容量和运行特性限制,其功率输出应满足最大最小出力范围。$\overline{p_i}$、$\underline{p_i}$ 分别为火电机组 i 的最大、最小出力,可表示为

$$\underline{p_i} \leqslant p_i(t) \leqslant \overline{p_i} \tag{7-16}$$

7.4.2.2 火电机组爬坡约束

火电机组单位时间内允许的最大功率调节量因受物理运行特性限制是有限值。其上行和下行爬坡速率约束的数学模型可表示为

$$p_i(t) - p_i(t-1) \leqslant \Delta t \Delta \overline{p_i} \tag{7-17}$$

$$p_i(t-1) - p_i(t) \leqslant \Delta t \Delta \underline{p_i} \tag{7-18}$$

7.4.2.3 火电机组综合最小出力约束

受物理特性、系统运行安全可靠性、能源利用要求等因素的影响,要求火电机组综合出力满足最小出力运行要求。$\underline{p}$ 为最小火电机组群出力,其约束条件可表示为

$$\sum_{i=1}^{N} p_i(t) \geqslant \underline{p} \tag{7-19}$$

7.4.2.4 风电场出力约束

受火电运行特性、系统运行方式、负荷分布特征、ESS 耦合协调机制等因

素影响,假定风电场时段预测功率准确无误差,其承担系统负荷的最大功率输出为功率预测值。$\bar{p}_w(t)$、$\underline{p}_w(t)$分别为风电场t时段预测功率和允许的最小输出功率,其数学模型可表示为

$$\underline{p}_w(t) \leqslant p_w(t) \leqslant \bar{p}_w(t) \tag{7-20}$$

7.4.2.5 风电与 ESS 间耦合协调约束

当 ESS 向电网供电时,为充分发挥风电的能源替代置换效益,风电场要按照预测功率承担负荷。其约束条件可表示为

$$\begin{cases} \Delta p_s(t) > 0 \\ p_w(t) = \bar{p}_w(t) \end{cases} \tag{7-21}$$

7.4.2.6 风电与 ESS 间功率转移守恒约束

当风电功率迁移到 ESS 时,考虑运行时可能产生弃风情况,依据能量守恒,风电场承担负荷与转移功率之和应不大于风电预测功率。其约束条件可表示为

$$\begin{cases} \Delta p_s(t) < 0 \\ p_w(t) + \eta_c \Delta p_s(t) \leqslant \bar{p}_w(t) \end{cases} \tag{7-22}$$

7.4.2.7 风电与 ESS 耦合功率输出约束

依据能量守恒特性和风储系统功率能量迁移特性,风电与 ESS 在调度时段的功率输出应为非负值,其耦合功率输出约束可表示为

$$p_w(t) + \Delta p_s(t) \geqslant 0 \tag{7-23}$$

7.4.2.8 ESS 能量转移耦合约束

根据式(7-12),储能系统能量转移耦合约束可表示为

$$\begin{cases} E_s(t) = E_s(t-1) + \Delta E_s(t) \\ E_s(t) \geqslant 0 \end{cases} \tag{7-24}$$

7.4.2.9 ESS 能量耦合传递约束

根据式(7-12),储能系统能量耦合传递约束可表示为

$$E_s(t) = E_{s0} + \sum_1^t \Delta E_s(t) \tag{7-25}$$

7.4.2.10 ESS 周期能量循环约束

为促进储能配置容量的最充分利用和风电能源的高效利用,ESS 能量存储应保证周期循环性,即初末能量相同,其约束条件数学模型可表示为

$$E_{s0} = E_s(T) \tag{7-26}$$

7.4.2.11 ESS 功率能量输移协调约束

利用 ESS 进行风电功率能量输移过程中,由于能量损失导致风电转移功

率能量和 ESS 实际功率能量存储存在差异,其约束条件的数学模型可表示为

$$
\begin{cases}
p_{\mathrm{w}}(t) = p'_{\mathrm{w}}(t) \leqslant \bar{p}_{\mathrm{w}}(t) + \Delta p_{\mathrm{s}}(t) \\
E_{\mathrm{s}}(t) = E_{\mathrm{s}}(t-1) - \eta_{\mathrm{c}} \Delta p_{\mathrm{s}}(t) \Delta t \\
\Delta p_{\mathrm{s}}(t) < 0
\end{cases}
\tag{7-27}
$$

$$
\begin{cases}
p'_{\mathrm{w}}(t) = \bar{p}_{\mathrm{w}}(t) + \Delta p_{\mathrm{s}}(t) \\
E_{\mathrm{s}}(t) = E_{\mathrm{s}}(t-1) - \eta_{\mathrm{d}} \Delta p_{\mathrm{s}}(t) \Delta t \\
\Delta p_{\mathrm{s}}(t) > 0
\end{cases}
\tag{7-28}
$$

7.4.2.12 风储系统耦合功率输出波动指标约束

为降低风电波动性、提高风电吸纳水平、提升风电并网运行时的系统稳定性,在整个调度期内期望风电与 ESS 协调输出功率最小值和最大值的比值满足给定的水平。E_{r} 为给定的最大波动指标,其约束条件数学模型可表示为

$$
\frac{\min[\,p_{\mathrm{w}}(t) + \Delta p_{\mathrm{s}}(t)\,]}{\max[\,p_{\mathrm{w}}(t) + \Delta p_{\mathrm{s}}(t)\,]} \geqslant E_{\mathrm{r}} \quad (t = 1, 2, \cdots, T)
\tag{7-29}
$$

7.4.2.13 风火储系统负荷平衡松弛约束

考虑到处于储能容量规划阶段,在每个调度时段,只需要保证系统综合出力不小于系统负荷,负荷平衡松弛约束条件的数学模型可表示为

$$
p_{\mathrm{w}}(t) + \Delta p_{\mathrm{s}}(t) + \sum_{i=1}^{N} p_i(t) - p_{\mathrm{d}}(t) \geqslant 0
\tag{7-30}
$$

7.4.2.14 火电旋转备用约束

$p_{\mathrm{R}}(t)$ 为 t 时段火电厂最小的备用容量,则火电旋转备用约束可表示为

$$
\sum_{i=1}^{N} \bar{p}_i - \sum_{i=1}^{N} p_i(t) \geqslant p_{\mathrm{R}}(t)
\tag{7-31}
$$

7.4.3 储能容量配置与调度多指标模型理论分析

根据 7.5.2 所构建的储能容量配置与调度模型中相关的优化指标和约束条件可知:

(1)建立的储能容量配置与调度多指标模型,其物理意义为以最小的储能功率能量调节容量,实现风电的最大化利用和燃煤等非可再生能源最大程度上的节约,体现多尺度上系统运行经济性和技术性间的动态协调。

(2)所构建的约束条件不仅考虑了风火储系统间功率耦合协调机制,且有效考虑储能系统的能量输移特性,融合了 7.2.2 中分析的储能系统时空多维度上的能量迁移特性,有利于优化时空多尺度上风火储系统间的动态协调机制,增强风电的吸纳能力和风电对火电的置换作用,促进能源的可持续高效利用。

7.5　储能容量配置与调度模型决策求解

由于储能功率与能量综合协调指标的存在,模型具有强的非线性特点;储能系统功率能量输移协调约束可能存在间断不连续特征,导致模型求导运算比较复杂;风储系统耦合功率输出波动指标、储能系统能量输移守恒约束、系统间耦合协调约束以及变量间的关联耦合特性等,使得利用以梯度为基础的优化算法进行求解时比较烦琐,因此采用无须梯度的群体智能全局搜索算法仿电磁学算法进行求解。

在模型中,所有的变量都可以采用 $p_w(t)$、$p_i(t)$ 和 $\Delta p_s(t)$ 进行表示,因此以 $p_w(t)$、$p_i(t)$ 和 $\Delta p_s(t)$ 为内生变量。多指标模型可以表示为

$$F = \left[\min F_1(X), \min F_2(X) \right]$$

$$\begin{cases} h(X) = 0 \\ g(X) \leqslant 0 \\ X = \left[p_w(t), p_i(t), \Delta p_s(t) \right] \end{cases} \tag{7-32}$$

因主要分析各优化指标对储能容量配置大小和优化调度结果的影响规律,所以对优化指标的处理采用权重法,对等式约束和不等式约束采用罚函数法。$\underline{X}$、$\overline{X}$ 为内生变量的最小值和最大值,w_1、w_2 为优化指标的权重系数,W_1^T、W_2^T 为罚系数,采用群体智能算法求解的评价函数可表示为

$$\begin{cases} F = w_1 F_1(X) + w_2 \min F_2(X) + W_1^T h(X)^2 + W_2^T \max\left[h(X), 0 \right]^2 \\ \underline{X} \leqslant X \leqslant \overline{X} \end{cases}$$

$$\tag{7-33}$$

风储系统耦合功率输出波动指标为分式约束条件,$\max\left[p_w(t) + \Delta p_s(t) \right]$ 的值始终大于零,为避免分式约束条件的存在使计算变得复杂,可将式(7-27)变换为式(7-34),然后利用罚函数法将其融入到评价函数式(7-33)中。

$$\min\left[p_w(t) + \Delta p_s(t) \right] - E_r \max\left[p_w(t) + \Delta p_s(t) \right] \leqslant 0 \tag{7-34}$$

利用群体智能算法进行求解的基本步骤为:

(1)确定权重系数 w_1 与 w_2、罚系数 W_1^T 与 W_2^T 的值。

初始化种群个数、内生变量上下限及算法的初始化参数和算法终止条件。

(2)以 $p_w(t)$、$p_i(t)$、$\Delta p_s(t)$ 作为决策变量产生初始种群,并利用群体智能算法仿电磁学算法的搜索策略产生新的种群 X_k 和 X_k'。

（3）利用适应度函数计算 X_k 和 X'_k 对应的函数值 $F(X_k)$ 与 $F(X'_k)$，当 $F(X_k) \leqslant F(X'_k)$ 时，将 X'_k 中的个体代替 X_k 中的个体作为新的 X_k。

（4）判断算法是否满足终止条件，若不满足继续步骤（2）、（3）；若满足算法终止条件，则输出最终目标函数值和对应 ESS 的配置容量值。

7.6　实例应用

7.6.1　算例描述

以含 1 个大型并网风电场和 5 台火电机组的风火储系统为例进行分析。风电数据来源于我国某实际大型并网风电场，含 433 台风机，单台额定出力为 1.5 MW。图 7.6-1 为以风电场历史数据作为预测出力；图 7.6-2 为依据实际数据适当改造得到的负荷分布；表 7.6-1 为根据实际数据拟合得到的火电机组煤耗特性系数；ESS 充放电效率为 90%。以 15 min 为间隔，考虑 1 天为周期，利用仿电磁学算法验证并网风电储能容量多维度动态协调配置策略的有效性。

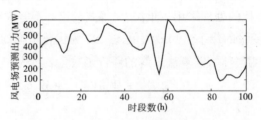

图 7.6-1　风电场预测出力值

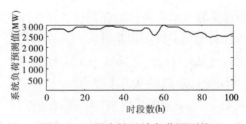

图 7.6-2　风火储系统负荷预测值

表 7.6-1　火电机组参数

机组	P_{max} (MW)	P_{min} (MW)	a_i (t/MW^{2}h)	b_i (t/MWh)	c_i (t/h)
1	600	180	2.6×10^{-4}	0.13	20.5
2	600	180	3.5×10^{-4}	0.08	30.0
3	600	180	3.0×10^{-4}	0.11	24.9
4	360	120	4.4×10^{-4}	0.17	12.3
5	330	100	5.3×10^{-4}	0.18	10.2

7.6.2　储能配置策略有效性

本书采用权重系数法将煤耗量和综合协调指标转化为单目标,通过权重系数调整分析优化指标对储能配置容量和系统煤耗量的影响规律。单指标模型为

$$\min F = \omega F_1 + (1 - \omega) F_2 \tag{7-35}$$

图 7.6-3 为 ESS 功率动态多维度协调规律;图 7.6-4 为 ESS 能量动态协调规律。

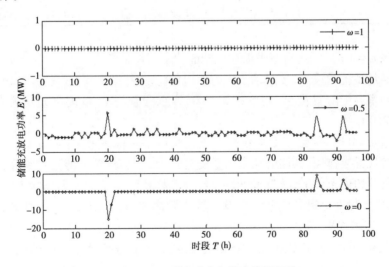

图 7.6-3　ESS 功率动态多维度协调规律

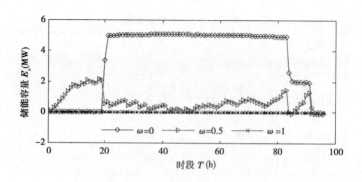

图 7.6-4　ESS 能量动态协调规律

C_V 为约束条件最大违背值；C_P 为拉格朗日条件取值。表 7.6-2 所示为 ω 取值为 0、0.5 和 1 时大规模风火储系统储能容量优化配置结果。在表 7.6-2 中，三种情况约束条件最大违背量 C_V、C_P 的值约为 0，表明结果满足拉格朗日极值和约束条件。

表 7.6-2　储能容量配置结果

ω	p_w(MW)	E_s(MWh)	F_1(t)	F_2(t)	$\overline{F}$	$\overline{C_V}$	$\overline{C_P}$
1	0.0	0.0	0.0	12 902.0	0.0	0.00	0.00
0.5	5.7	2.1	12.0	12 886.5	6 449.3	0.04	0.03
0	15.0	5.1	75.9	12 884.4	12 884.4	0.05	0.02

当 $\omega = 1$ 时，优化模型中仅存在储能功率与能量综合协调最小指标，风电场在满足系统约束下，按照预测出力承担负荷；根据图 7.6-3 和表 7.6-2 可知，系统功率容量配置最小，功率配置为 0，容量配置为 0，系统煤耗量最大，为 12 902.0 t。

当 $\omega = 0$ 时，优化模型中仅存在煤耗量最小指标。根据图 7.6-3，为发挥风电替代置换作用，其储能功率容量配置最大，在满足功率能量转移守恒、能量非负等约束条件下，通过 ESS 的多时空迁移特性实现对风电场功率能量的迁移，最大程度上提高风电对火电的替代置换效益；依据表 7.6-2 可知，功率配置为 15.0 MW，容量配置为 5.1 MWh，系统一天的煤耗量为 12 884.4 t。

当 $\omega = 0.5$ 时，优化模型中同时存在储能功率与能量综合协调最小指标和煤耗量最小指标。根据图 7.6-3，其储能功率和容量的配置值，大于 $\omega = 0$ 并小于 $\omega = 1$ 时的配置值；根据表 7.6-2，系统煤耗量处于 $\omega = 0$、$\omega = 1$ 两种情况之间，为 12 886.5 t。

依据上述分析可知:所构建 ESS 多指标优化配置模型,在充分考虑其功率能量迁移特性和系统运行综合经济性时,根据系统要求、决策者偏好等,可从功率、能量双重角度实现储能功率容量的协调配置。

7.6.3 储能容量配置对火电厂运行的影响分析

表 7.6-3 为 $\omega = 0$、$\omega = 0.5$、$\omega = 1$ 三种不同储能容量配置下火电厂运行优化结果。ΔF_1 为 $\omega = 1$ 与 $\omega = 0$ 时火电厂煤耗量增量;ΔF_2 为 $\omega = 1$ 与 $\omega = 0.5$ 时火电厂煤耗量增量。本书从 ESS 不同容量配置下,其功率传递与能量时空多维度输移特性对火电厂节能运行的影响。

当 $\omega = 1$,即没有储能容量配置时,火电厂承担系统总负荷最小,为41 274 MW,但其煤耗量最大,为 12 902 t。根据 7.2.1 ~ 7.2.3 理论可知,虽然此时风电承担的负荷最大,受风电出力特性在时间分布上的不均衡性影响,在满足电力供需平衡和约束下,火电厂各时段出力因偏离最佳协调点较远,因此导致煤耗量反而增加。

表 7.6-3   火电厂优化运行结果

时段	火电出力(MWh)			煤耗量(t)			煤耗增量(t)	
	$\omega = 0$	$\omega = 0.5$	$\omega = 1$	$\omega = 0$	$\omega = 0.5$	$\omega = 1$	ΔF_1	ΔF_2
1 ~ 4	8 216.6	8 219.7	8 216.5	661.4	661.7	662.2	0.8	0.5
5 ~ 8	6 301.8	6 306.3	6 301.8	475.1	475.5	475.9	0.8	0.4
9 ~ 12	5 979.7	5 981.7	5 979.7	446.6	446.8	447.6	1.0	0.8
13 ~ 16	5 529.7	5 530.5	5 529.7	409.4	409.5	410.7	1.3	1.2
17 ~ 20	4 322.6	4 305.3	4 293.2	318.0	316.9	316.3	-1.7	-0.6
21 ~ 24	4 195.0	4 188.7	4 179.7	308.4	308.0	307.5	-1.0	-0.6
25 ~ 28	5 167.6	5 167.6	5 167.5	380.6	380.6	381.6	1.0	1.0
29 ~ 32	5 037.5	5 037.5	5 037.4	370.3	370.3	371.2	0.9	0.9
33 ~ 36	5 269.5	5 269.5	5 269.5	388.6	388.6	389.7	1.1	1.1
37 ~ 40	6 139.4	6 140.6	6 139.3	460.5	460.6	461.3	0.9	0.8
41 ~ 44	6 879.8	6 879.3	6 879.8	527.2	527.2	527.7	0.5	0.6

时段	火电出力(MWh)			煤耗量(t)			煤耗增量(t)	
	$\omega=0$	$\omega=0.5$	$\omega=1$	$\omega=0$	$\omega=0.5$	$\omega=1$	ΔF_1	ΔF_2
45~48	7 512.4	7 513.1	7 512.5	587.9	587.9	588.3	0.5	0.4
49~52	7 061.2	7 062.5	7 061.3	544.5	544.6	545.0	0.5	0.4
53~56	7 500.0	7 501.2	7 500.1	587.4	587.6	588.0	0.5	0.4
57~60	6 844.8	6 845.2	6 844.8	525.3	525.4	526.0	0.6	0.6
61~64	6 491.3	6 492.5	6 491.3	491.5	491.6	492.2	0.7	0.6
65~68	6 720.9	6 722.1	6 720.9	512.3	512.4	512.8	0.6	0.5
69~72	7 579.2	7 579.5	7 579.3	595.3	595.3	595.8	0.5	0.5
73~76	8 340.2	8 339.5	8 340.3	672.7	672.6	673.5	0.7	0.8
77~80	8 130.6	8 132.9	8 130.7	650.7	650.9	651.3	0.7	0.4
81~84	8 863.3	8 869.1	8 871.6	730.4	731.0	732.4	2.1	1.4
85~88	9 115.1	9 119.8	9 117.4	757.8	758.3	759.3	1.6	1.0
89~92	9 202.5	9 206.9	9 208.3	767.7	768.2	769.7	2.0	1.5
93~96	8 721.8	8 723.1	8 723.1	714.8	714.9	715.9	1.2	1.0
总计	41 280.6	41 283.5	41 274.0	12 884.4	12 886.5	12 902.0	17.6	15.6

当 $\omega=0$,即储能容量配置为 15 MW 时,火电厂承担系统总负荷大于 $\omega=1$ 时的负荷,为 41 280.6 MW,但其煤耗量最小,为 12 884.4 t。根据 7.2.2 理论可知,虽然此时因为在迁移过程中能量损失而导致风电承担的负荷降低,但同时储能系统对风电功率能量的迁移作用,使得在满足电力供需平衡和约束下,火电厂各时段出力更加接近最佳协调点,使得此时所节约的煤耗量大于风电损失所替代的煤耗量,因此使得火电厂煤耗量减少。

将 $\omega=0.5$ 与 $\omega=0$ 时相比,因储能容量配置降低,导致储能系统时空多维度上的功率能量迁移能力降低,从而削弱了其对风电时空分布特性的影响,使得火电厂出力远离最佳协调点,因此火电厂煤耗量增加,为 12 886.5 t,但其容量配置比 $\omega=0$ 时减少了 9.3 MW。

由上述分析可知:通过 ESS 容量的合理配置,利用其在时空多维度上的功率能量迁移特性优化火电厂的净负荷特征,可改善火电厂出力特性,实现节能降耗目的;当 ESS 容量配置达到一定规模时,其功率能量迁移所产生的作用将会明显降低,因此其容量配置并非越大越好,要从综合指标的角度协调。

7.7　小　结

本章针对大规模并网运行的风电场,以最大程度发挥风电对火电能源的替代置换为目的,针对含风电、火电、储能装置的复杂电力系统,主要做了以下工作:

(1)从储能系统的功率能量迁移特性及与电网间双向互动特征出发,研究考虑大规模风电与储能系统时空多维度上的动态耦合作用及风火储系统间的动态协调机制影响,提出了时空多维度上储能系统与风电、火电间的耦合协调机制。

(2)提出了兼顾储能系统功率调节与能量输移双重特征的容量多指标优化配置与协调调度方法。

通过实例进行仿真分析表明:利用 ESS 功率能量迁移特性提高大规模并网风电的替代置换效益理论上是可行的,通过从功率能量双重角度实现储能容量的合理协调配置,可明显降低火电厂的燃料消耗量,提高系统运行的综合经济性;所提出的风火储时空多维度动态协调理论是正确有效的,以此为基础所构建的大规模风火储电力系统储能容量多指标配置与调度新模型,不仅可实现调节容量和风电功率输出特性间的协调,且可根据系统综合运行要求,有效反映风火储系统时空多尺度上的动态互济特征,实现对储能功率和容量双重指标综合配置,提高风电在时空多维度上的能源替代置换作用。

第 8 章　结论与展望

8.1　结论与创新点

　　水电能源在可再生能源中占主导地位,水火电力系统联合运行是可再生能源和火电互补运行的主要形式。为提高水火电力系统运行的综合经济性、充分发挥水电能源在电力系统中的互补作用、促进燃煤等非可再生能源的节约,本书在分析含有梯级水电站的水火电力系统间互动特性基础上,研究水火电力系统运行策略的制定方法,以便促进电力系统的节能运行。针对含有梯级水电站的水火电力系统联合优化调度问题,研究的主要内容包括节能运行理论分析、节能调度模型构建和求解方法三方面,主要成果如下所述:

　　第 2 章从物理运行角度分析水火电力系统联合运行的特性,研究影响水火电力系统节能运行的主要因素及作用规律,提出采用优化方法促进水火电力系统节能运行时需要采取的主要措施,为节能调度模型的合理构建提供理论依据。本章取得的主要成果如下所述:

　　(1)针对以伯努利流体能量守恒方程为基础的经典水电转换数学模型无法详细描述水电站水库调节特性、机组位置、压力引水管布置情况等因素对水电站水电转换特性影响规律的不足之处,本章以物理学物体受力分析理论、功能原理和能量守恒理论为基础,利用数学微元分析方法建立了水电转换的详细数学模型,为分析上述因素对水电站水电转换特性的影响规律提供了理论依据。通过分析表明,水库性质和压力引水管倾斜角度对水电站水电转换特性具有明显影响,并进一步验证了水头和发电流量是影响水电转换特性的重要因素。

　　(2)梯级水电站间固有的水力耦合特性使得处在上游的水能资源可以在水电站间重复利用,单一水电站的弃水对梯级水电站而言并不一定意味着损失,针对以强迫弃水为基础的单一水电站弃水策略在梯级水电站中应用的不足,提出了以弃水重复利用为目的的有益弃水策略,以便使水能资源得到充分利用,从而提高梯级水电站的整体出力水平和运行的综合经济性。

　　(3)采用拉格朗日极值条件分析水火电力系统中水电站和火电厂互动特

性对电力系统运行经济性的影响规律,由于电力系统供用电的实时平衡特性,水电站的出力水平将直接影响到火电厂的出力水平和承担负荷的均匀性。从静态运行角度分析拉格朗日极值条件和火电厂的耗量特性,火电厂所需承担的最佳负荷随水电站出力水平的增加而减少,燃煤等非可再生能源的消耗量随火电厂承担负荷的减少而下降;根据从动态运行角度分析的拉格朗日极值条件,在调度周期内系统总负荷确定情况下,火电厂所承担的负荷越均匀越有利于燃煤等非可再生能源的节约。

第3章针对水火电力系统优化调度问题固有的强非线性特点,采用群体智能算法对其进行求解将具有显著优越性,本章对一种新型的群体智能算法——仿电磁学进行研究,在对其算法理论框架和寻优原理分析的基础上,针对基本仿电磁学算法难以直接应用到大规模强非线性优化问题求解中的缺陷,提出适合于水火电力系统优化调度问题求解的单向受力仿电磁学算法,为其在水火电力系统优化调度问题求解中的应用提供理论依据。本章取得的主要成果如下所述:

(1)为避免优化问题存在较多自由变量或算法进化后期最优和最差目标函数值比较接近时,因种群个体目标函数值趋同性使基本仿电磁学算法中电荷量计算公式出现计算溢出而使算法无法进行迭代寻优的不足,提出以当前种群中最优和最差目标函数值为基础的改进电荷量计算公式,仿真分析表明其可克服计算过程中算法的计算溢出问题。

(2)基本仿电磁学算法中受力计算公式的原理是好解吸引差解、差解排斥好解,其本质上都是促进种群个体向目标函数值更好的方向移动。为提高算法计算效率,提出对非最优个体仅采用好解吸引差解而对最优个体仅采用差解排斥好解的单向受力计算公式。

(3)提出带有随机扰动因子的全局搜索策略和对种群个体部分变量进行搜索的局部搜索策略,以提高算法的优化效率和收敛性能,通过理论分析表明改进的搜索策略可显著节约算法的计算量,对算法收敛性进行分析表明改进仿电磁学算法可以概率1收敛到理论全局最优解,为在水火电力系统优化调度问题求解中的应用提供理论基础。

第4章基于水火电力联合运行的电力系统,为充分挖掘水电站的发电潜力、提升其对火电的互补能力、实现水火电力系统节能运行,提出了蓄能利用最大化优化调度数学模型。本章取得的主要成果如下所述:

(1)针对强迫弃水策略存在不足之处,本书提出的有益弃水和强迫弃水融合的混合弃水策略,可以使水资源得到更加合理的利用。

（2）建立的水电站水头模型和蓄水量模型,在准确描述水电站水库物理特性的同时,减少了优化问题决策变量的个数,有助于提高求解效率。

（3）根据日调节水电站的特点,建立的蓄水量等效库容约束条件,可以揭示日调节性质水电站的水库蓄水量变化规律,有效地将具有日调节性质的水电站参与到中长期优化调度中去。

第 5 章以水火电力系统节能运行理论为基础,构建以充分利用水能资源和促进火电厂燃煤等非可再生能源节约为目的的单目标优化调度模型,将一种新型的群体智能算法——遗传仿电磁学算法应用到优化调度模型求解中,并通过广西水火电力系统的仿真分析表明,所建节能调度模型在促进水火电力系统节能运行方面的有效性和遗传仿电磁学算法在求解强非线性优化问题时的有效性。本章取得的主要成果如下所述:

（1）提出水电站运行的协调条件,其本质是在水电转换特性基础上,通过确定水电站运行水头和发电流量间的最佳数量关系,以使水能资源得到充分利用,提高水电站的综合出力水平,充分发挥水电能源在电力系统中的替代效益。

（2）以水电站运行协调条件为理论依据,提出单一水电站和梯级水电站的动态弃水策略,并以此为基础建立动态弃水策略下的水火电力系统节能调度模型,通过分析表明,所建节能调度模型可实现水能资源的充分利用,显著提高水电站的综合出力水平,发挥水电能源在水火电力系统中的替代作用,实现燃煤等非可再生能源的节约,促进水火电力系统节能运行。

（3）为对节能调度模型进行有效求解,提出了改进仿电磁学算法与遗传算子融合的遗传仿电磁学算法,并应用到单目标节能调度模型的求解中;针对蓄水量约束条件的特殊性,提出了采用具有比例变换因子的蓄水量约束条件处理方法,使不同库容的水库约束违背量置于相同地位,以使蓄水量约束条件同时得到较好满足;针对蓄水量平衡约束条件的特殊性,通过递归策略将其融入到优化模型中,同时减少了变量和惩罚因子的个数,有利于提高遗传仿电磁学求解时的优化效率;通过基本仿电磁学算法、改进仿电磁学算法和遗传仿电磁学对节能调度模型的优化结果分析表明,所提出的遗传仿电磁学算法由于充分融合了遗传算法和仿电磁学算法的优点,在算法的收敛精度和求解效率上都具有明显优越性,具有良好的应用前景。

第 6 章在水火电力系统互动特性基础上,综合考虑水电站和火电厂运行的经济性,构建兼顾用水、环境、节能等多方面要求的多目标节能调度模型,并提出采用仿电磁学算法和数据包络分析融合对多目标优化问题进行求解的方

法。本章取得的主要成果如下所述:

(1)以水能资源得到充分利用并有利于发挥中长期调节水库在调节周期内对水能资源的调节作用、节约火电厂燃料耗量、减少对环境污染及降低电力传输过程中有功损耗为目的,构建了调度周期内火电厂燃料消耗量最小、氮氧化合物排放量最小、电网网损最小、中长期调节水电站调度周期末蓄水量最大的多目标节能调度模型,反映了用水、环境和节能之间的协调关系,有利于提高电力系统运行的综合经济性。

(2)提出采用仿电磁学算法和数据包络分析融合的多目标节能调度模型求解新方法,详细阐述算法的融合原理和求解步骤,该方法无须考虑目标函数间性质的不同,能给决策者提供多种选择方案,同时可利用优化目标和综合效益指标双重准则选择满足不同决策者偏好的决策方案。

第7章针对大规模并网运行的风电场,以最大程度发挥风电对火电能源的替代置换为目的,针对含风电、火电、储能装置的复杂电力系统,对其储能容量配置方法和协调调度机制开展研究。本章取得的主要成果如下所述:

(1)首先从储能系统的功率能量迁移特性及与电网间双向互动特征出发,研究考虑大规模风电与储能系统时空多维度上的动态耦合作用及风火储系统间的动态协调机制影响,提出了时空多维度上储能系统与风电、火电间的耦合协调机制。

(2)提出了兼顾储能系统功率调节与能量输移双重特征的容量多指标优化配置与协调调度方法。

8.2 有待进一步研究的内容

为提高水火电力系统运行的综合经济性,促进水能资源的合理充分利用和燃煤等非可再生能源的节约,围绕着水火电力系统运行机制、单目标和多目标节能调度模型的构建及求解方法进行了研究,在此基础上有待进一步研究的内容主要有以下几点:

(1)本书仅以水火电力系统物理运行机制为基础对其运行特性和节能调度机制进行分析,并未考虑不同电力市场机制对水火电力系统运行特性的影响,我国的电力市场化改革处在不断的研究和探索中,对不同电力市场模式下水火电力系统的运行特性和节能调度机制有待进一步研究。

(2)本书仅对确定性环境下水火电力系统单目标和多目标节能调度模型的构建方法进行了研究,水火电力系统运行过程中受到许多不确定性因素的影响,如水能资源分布随机性、负荷随机性、电力元件故障随机性、燃煤等非可再生能源供应随机性等,对不确定环境下水火电力系统节能调度模型的构建方法有待进一步研究。

(3)风电、光伏发电等新能源的并网发电对水火电力系统运行特性将产生影响,对多电源电力系统运行特性、不同类型电源间互动特性和多电源电力系统节能调度模型的构建方法有待进一步研究。

(4)仿电磁学算法作为一种新型的群体智能算法,本书虽然对其理论框架和寻优理论进行了研究,仍需进一步深入研究仿电磁学算法的优化机制和与其他算法间的融合机制,以便提高算法的综合优化性能,其在电力系统优化领域的应用还处于初步阶段,在无功优化、最优潮流、机组组合、电网规划等优化领域方面的应用还有待进一步研究。

(5)在含风电储能装置的复杂电力系统节能调度储能容量配置与调度模型的相关研究中还没有考虑水电耦合运行的影响,而水电站从时空耦合特征和随机特性上都比较复杂,如何有效分析含风电、水电、火电和储能装置等复杂电力系统的容量配置和调度决策方法仍然是有待解决的问题。此外,如何实现对电动汽车等具有移动特征的储能装置的容量配置和优化也是今后有待解决的问题。

附录 A 广西 500 kV 电网基础数据

广西 500 kV 电网电气接线如附图 A-1 所示。

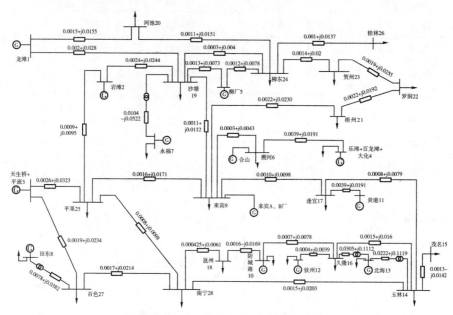

附图 A-1 广西 500 kV 电网电气接线

附表 A-1 广西电网 500 kV 线路阻抗参数

线路名称	基准电压 （kV）	回路数 （回）	电阻 标么值	电抗 标么值	线路长度 （km）
南宁—玉林	525	2	0.001 5	0.020 3	203
平果—来宾	525	2	0.001 6	0.017 1	180
来宾—梧州	525	2	0.002 2	0.023 0	238
梧州—罗洞	525	2	0.002 2	0.019 2	200
百色—南宁	525	2	0.001 7	0.021 4	212
天生桥—百色	525	1	0.001 9	0.023 4	212
玉林—茂名	525	2	0.001 3	0.014 2	141
天生桥—平果	525	2	0.002 6	0.032 3	320

线路名称	基准电压 (kV)	回路数 (回)	电阻 标幺值	电抗 标幺值	线路长度 (km)
龙滩—河池	525	1	0.001 5	0.015 5	160
河池—柳东	525	2	0.001 1	0.015 1	150
贺州—罗洞	525	2	0.001 9	0.025 5	253
柳东—桂林	525	2	0.001 0	0.013 7	136
柳东—贺州	525	2	0.001 4	0.020 0	200
龙滩—沙塘	525	2	0.002 0	0.028 0	280
岩滩—沙塘	525	1	0.002 4	0.024 4	214
沙塘—柳东	525	2	0.000 3	0.004 0	40
溯河—来宾	525	2	0.000 3	0.004 3	43
来宾—逢宜	525	1	0.001 0	0.009 8	87
逢宜—玉林	525	1	0.000 8	0.007 9	70
沙塘—来宾	525	1	0.001 1	0.011 2	99
平果—南宁	525	1	0.000 8	0.009 8	97
岩滩—平果	525	1	0.000 9	0.009 5	98
防城港电厂—久隆	525	1	0.000 7	0.007 8	80
久隆－钦州电厂	525	1	0.000 4	0.003 9	40
久隆－玉林	525	1	0.001 5	0.016 0	164
防城港电厂－邕州	525	1	0.001 6	0.016 9	173
南宁－邕州	525	2	0.000 4	0.006 1	61

注:$MVA_{base} = 100\ MVA$(基准容量)。

附录 B 广西 500 kV 电网网损计算的 B 系数法

附图 A-1 所示广西 500 kV 电网电气接线共有 13 个发电机节点和 15 个负荷节点,假定在电网中其参考节点为 0,$\mathbf{Z}$ 为其节点阻抗矩阵,电网结构简化示意图可由附图 B-1 表示。1 ~ 13 为发电机节点、14 ~ 28 为负荷节点、I_1 ~ I_{28} 为节点注入电流。

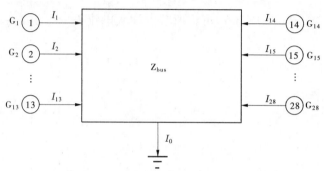

附图 B-1 广西 500 kV 电网结构简化示意图

负荷节点 I_{14} ~ I_{28} 利用合并的总电流 I_D 表示,其数学表达式为

$$I_D = I_{14} + I_{15} + \cdots + I_{28} = \sum_{i=14}^{28} I_i \tag{B-1}$$

假定每个负荷节点都是总负荷的一个固定百分比,d_{14} ~ d_{25} 分别表示对应节点所占总负荷的百分比,则负荷节点的节点注入电流 I_{14} ~ I_{28} 可以分别表示为

$$\begin{cases} I_{14} = d_{14}I_D, I_{15} = d_{15}I_D, \cdots, I_{28} = d_{28}I_D \\ d_{14} + d_{15} + \cdots + d_{28} = 1 \end{cases} \tag{B-2}$$

以节点 0 作为参考节点时,电压和电流之间的关系可以表示为

$$\begin{bmatrix} V_1 \\ V_2 \\ \vdots \\ V_{28} \end{bmatrix} = \begin{bmatrix} \mathbf{Z}_{1,1} & \mathbf{Z}_{1,2} & \cdots & \mathbf{Z}_{1,28} \\ \mathbf{Z}_{2,1} & \mathbf{Z}_{2,2} & \cdots & \mathbf{Z}_{28,28} \\ \vdots & \vdots & \vdots & \vdots \\ \mathbf{Z}_{28,1} & \mathbf{Z}_{28,2} & \cdots & \mathbf{Z}_{28,28} \end{bmatrix} \begin{bmatrix} I_1 \\ I_2 \\ \vdots \\ I_{28} \end{bmatrix} \tag{B-3}$$

根据式(B-3)可以得出

$$V_1 = \mathbf{Z}_{1,1}I_1 + \mathbf{Z}_{1,2}I_2 + \cdots + \mathbf{Z}_{1,28}I_{28} \tag{B-4}$$

将式(B-2)代入式(B-4),$I_o = -V_1/\mathbf{Z}_{1,1}$,表示无负荷电流,可以得出

$$I_D = \frac{-\boldsymbol{Z}_{1,1}}{\sum\limits_{i=14}^{28} d_i \boldsymbol{Z}_{1,i}} I_1 + \frac{-\boldsymbol{Z}_{1,2}}{\sum\limits_{i=14}^{28} d_i \boldsymbol{Z}_{1,i}} I_2 + \cdots + \frac{-\boldsymbol{Z}_{1,28}}{\sum\limits_{i=14}^{28} d_i \boldsymbol{Z}_{1,i}} I_{28} + \frac{-\boldsymbol{Z}_{1,1}}{\sum\limits_{i=14}^{28} d_i \boldsymbol{Z}_{1,i}} I_o \quad (\text{B-5})$$

令 $t_i = \dfrac{\boldsymbol{Z}_{1,i}}{\sum\limits_{i=14}^{28} d_i \boldsymbol{Z}_{1,i}}$ $(i = 1, 2, \cdots, 13)$,将其代入式(B-5)中,则式(B-5)可以

简化为

$$I_D = -t_1 I_1 - t_2 I_2 - \cdots - t_{28} I_{28} - t_1 I_o \quad (\text{B-6})$$

利用式(B-2)和式(B-6)可将原节点注入电流 $I_1 \sim I_{28}$ 由 $I_1 \sim I_{13}$, I_o 来表示,其变换方程为

$$
\begin{bmatrix} I_1 \\ I_2 \\ \vdots \\ I_{13} \\ I_{14} \\ I_{15} \\ \vdots \\ I_{28} \end{bmatrix}
=
\begin{bmatrix}
1 & 0 & \cdots & 0 & 0 \\
0 & 1 & \cdots & 0 & 0 \\
\vdots & \vdots & \ddots & 0 & 0 \\
0 & 0 & \cdots & 1 & 0 \\
-d_{14}t_1 & -d_{14}t_2 & \cdots & -d_{14}t_{13} & -d_{14}t_1 \\
-d_{15}t_1 & -d_{15}t_2 & \cdots & -d_{15}t_{13} & -d_{15}t_1 \\
-d_{16}t_1 & -d_{16}t_2 & \cdots & -d_{16}t_{13} & -d_{16}t_1 \\
\vdots & \vdots & \ddots & \vdots & \vdots \\
-d_{28}t_1 & -d_{28}t_2 & \cdots & -d_{28}t_{13} & -d_{28}t_1
\end{bmatrix}
\begin{bmatrix} I_1 \\ I_2 \\ \vdots \\ I_o \end{bmatrix}
= \boldsymbol{C}
\begin{bmatrix} I_1 \\ I_2 \\ \vdots \\ I_o \end{bmatrix} \quad (\text{B-7})
$$

$\boldsymbol{R}$ 为节点阻抗阵的实部,广西 500 kV 电网有功网损为

$$
\begin{aligned}
P_L &= \begin{bmatrix} I_1 & I_2 & \cdots & I_{28} \end{bmatrix} \boldsymbol{R} \begin{bmatrix} I_1 & I_2 & \cdots & I_{28} \end{bmatrix}^T \\
&= \begin{bmatrix} I_1 & I_2 & \cdots & I_{13} & I_o \end{bmatrix} \begin{bmatrix} \boldsymbol{C}^T \boldsymbol{R} \boldsymbol{C}^* \end{bmatrix} \begin{bmatrix} I_1 & I_2 & \cdots & I_{13} & I_o \end{bmatrix}^{T*}
\end{aligned} \quad (\text{B-8})
$$

假定发电机在运行时具有不变的功率因数,即无功是有功的一个固定百

分数, $s_i = \dfrac{Q_{g,i}}{P_{g,i}}$,则所有发电机节点的复功率可以表示为

$$P_{g,i} + j Q_{g,i} = (1 + j s_i) P_{g,i} \quad (i = 1, 2, \cdots, 13) \quad (\text{B-9})$$

因发电机节点的注入电流可以表示为

$$I_i = \frac{(1 - j s_i) P_{g,i}}{V_i^*} = \alpha_i P_{g,i} \quad (i = 1, 2, \cdots, 13) \quad (\text{B-10})$$

因此,广西 500 kV 电网有功网损式(B-8)可表示为

$$P_L = \begin{bmatrix} P_{g,1} \\ P_{g,2} \\ \vdots \\ P_{g,13} \\ 1 \end{bmatrix}^T \begin{bmatrix} \alpha_1 & 0 & \cdots & 0 & 0 \\ 0 & \alpha_2 & \cdots & 0 & 0 \\ 0 & 0 & \ddots & 0 & 0 \\ 0 & 0 & \cdots & \alpha_{13} & 0 \\ 0 & 0 & \cdots & 0 & I_o \end{bmatrix} [C^T R C^*] \begin{bmatrix} \alpha_1 & 0 & \cdots & 0 & 0 \\ 0 & \alpha_2 & \cdots & 0 & 0 \\ 0 & 0 & \ddots & 0 & 0 \\ 0 & 0 & \cdots & \alpha_{13} & 0 \\ 0 & 0 & \cdots & 0 & I_o \end{bmatrix} \begin{bmatrix} P_{g,1} \\ P_{g,2} \\ \vdots \\ P_{g,13} \\ 1 \end{bmatrix}^*$$

(B-11)

根据矩阵知识,如果 $(ABC)^T = C^T B^T A^T$,$(ABC)^{T*} = C^{T*} B^{T*} A^{T*}$,则矩阵 ABC 可由式(B-12)表示。

$$ABC = \frac{ABC + (ABC)^*}{2} \qquad (B-12)$$

定义 $T_\alpha = \begin{bmatrix} \alpha_1 & 0 & \cdots & 0 & 0 \\ 0 & \alpha_2 & \cdots & 0 & 0 \\ 0 & 0 & \ddots & 0 & 0 \\ 0 & 0 & \cdots & \alpha_{13} & 0 \\ 0 & 0 & \cdots & 0 & I_o \end{bmatrix} [C^T R C^*] \begin{bmatrix} \alpha_1 & 0 & \cdots & 0 & 0 \\ 0 & \alpha_2 & \cdots & 0 & 0 \\ 0 & 0 & \ddots & 0 & 0 \\ 0 & 0 & \cdots & \alpha_{13} & 0 \\ 0 & 0 & \cdots & 0 & I_o \end{bmatrix}$,根

据线性代数知识可知 T_α 满足矩阵置换条件,因此 T_α 可表示为

$$T_\alpha = \frac{T_\alpha + T_\alpha^*}{2} = \begin{bmatrix} B_{1,1} & B_{1,2} & \cdots & B_{1,13} & B_{1,0}/2 \\ B_{2,1} & B_{2,2} & \cdots & B_{2,13} & B_{2,0}/2 \\ \vdots & \vdots & \ddots & \vdots & \vdots \\ B_{13,1} & B_{13,2} & \cdots & B_{13,13} & B_{13,0}/2 \\ B_{1,0}/2 & B_{2,0}/2 & \cdots & B_{13,0}/2 & B_o \end{bmatrix} \quad (B-13)$$

将式(B-13)的矩阵进行分块可得到

$$T_\alpha = \frac{T_\alpha + T_\alpha^*}{2} = \left[\begin{array}{cccc|c} B_{1,1} & B_{1,2} & \cdots & B_{1,13} & B_{1,0}/2 \\ B_{2,1} & B_{2,2} & \cdots & B_{2,13} & B_{2,0}/2 \\ \vdots & \vdots & \ddots & \vdots & \vdots \\ B_{13,1} & B_{13,2} & \cdots & B_{13,13} & B_{13,0}/2 \\ \hline B_{1,0}/2 & B_{2,0}/2 & \cdots & B_{13,0}/2 & B_o \end{array} \right] \quad (B-14)$$

$$\text{令 } \boldsymbol{B} = \begin{bmatrix} B_{1,1} & B_{1,2} & \cdots & B_{1,13} \\ B_{2,1} & B_{2,2} & \cdots & B_{2,13} \\ \vdots & \vdots & \ddots & \vdots \\ B_{13,1} & B_{13,2} & \cdots & B_{13,13} \end{bmatrix}, \boldsymbol{B}_{oo} = \begin{bmatrix} B_{1,0}/2 \\ B_{2,0}/2 \\ \vdots \\ B_{13,0}/2 \end{bmatrix}, \boldsymbol{P}_g = \begin{bmatrix} P_{g,1} \\ P_{g,2} \\ \vdots \\ P_{g,13} \\ 1 \end{bmatrix}, \text{则网损计算 } B$$

系数法的计算公式为

$$P_L = \boldsymbol{P}_g^T \boldsymbol{B} \boldsymbol{P}_g + \boldsymbol{P}_g^T \boldsymbol{B}_{oo} + \boldsymbol{B}_o \tag{B-15}$$

参 考 文 献

[1] 薛维忠. 低碳经济、生态经济、循环经济和绿色经济的关系分析[J]. 科技创新与生产力,2011(2):50-52.

[2] 何祚庥. 解决中国能源短缺问题的重要途径[J]. 福州大学学报(哲学社会科学版),2005,69(1):5-7.

[3] 李建武,王安建,王高尚. 中国能源效率及节能潜力分析[J]. 地球学报,2010,5(31):733-740.

[4] 张安华. 中国电力工业节能降耗影响因素分析[J]. 电力需求侧管理,2006,8(6):1-4.

[5] 戴彦德,任东明. 从我国社会经济发展所面临的能源问题看可再生能源发展的地位和作用[J]. 可再生能源,2005(2):3-8.

[6] 胡婧. 可再生能源大开发的出路——访中国科学院院士、清华大学教授卢强[J]. 国家电网,2010(12):42-43.

[7] 蔡洋. 电网经济调度应立即开展起来[J]. 电网技术,1994,14(1):47-48.

[8] Ricard J. The determination of optimum operating scheduling for interconnected hydro and thermal stations[J], Revue Generale del'Electricite,1940,48(9):167-182.

[9] Farhat I A,El-Hawary M E. Optimization methods applied for solving the short-term hydrothermal coordination problem[J]. Electric Power Systems Research,2009,79(9):1308-1320.

[10] Rashid A H A,Nor K M. An efficient method for optimal scheduling of fixed head hydro and thermal plants[J]. IEEE Transactions on Power Systems,1991,6(2):632 - 636.

[11] Sasikala J,Ramaswamy M. Optimal gamma based fixed head hydrothermal scheduling using genetic algorithm[J]. Expert Systems with Applications,2010,37(4):3352-3357.

[12] El-Hawary M E,Ravindranath K M. Hydro-thermal power flow scheduling accounting for head variations[J]. IEEE Transactions on Power Systems,1992,7(3):1232 - 1238.

[13] Lyra C,Ferreira L R M. A multiobjective approach to the short-term scheduling of a hydroelectric power system[J]. IEEE Transactions on Power Systems,1995,10(4):1750-1755.

[14] Diniz L A,Maceira M E P. A Four-Dimensional Model of Hydro Generation for the Short-Term Hydrothermal Dispatch Problem Considering Head and Spillage Effects[J]. IEEE Transactions on Power Systems,2008,23(3):1298-1308.

[15] Mariano S J P S,Catalao J P S,Mendes V M F,et al. Optimising power generation efficiency for head-sensitive cascaded reservoirs in a competitive electricity market[J]. International Journal of Electrical Power & Energy Systems,2008,30(2):125-133.

[16] 袁晓辉,袁艳斌,王乘.计及阀点效应的电力系统经济运行方法[J].电工技术学报,2005,20(6):92-96.

[17] Coelho L S, Mariani V C. Combining of chaotic differential evolution and quadratic programming for economic dispatch optimization with valve-point effect[J]. IEEE Transactions on Power Systems,2006,21(2):989-996.

[18] 韦化,李滨,杭乃善,等.大规模水火电力系统最优潮流的现代内点理论分析[J].中国电机工程学报,2003,23(4):5-8.

[19] Sifuentes S W, Vargas A. Hydrothermal Scheduling Using Benders Decomposition:Accelerating Techniques[J]. IEEE Transactions on Power Systems,2007,22(3):1351-1359.

[20] 王雁凌,张粒子,杨以涵.基于水火电置换的发电权调节市场[J].中国电机工程学报,2006,26(5):131-136.

[21] Bisanovic S, Hajro M, Dlakic M. Hydrothermal self-scheduling problem in a day-ahead electricity market[J]. Electric Power Systems Research,2008,78(9):1579-1596.

[22] 翟桥柱,管晓宏,赖菲.具有相同机组水火电调度问题的新算法[J].中国电机工程学报,2002,22(3):38-42.

[23] 吴宏宇,管晓宏,翟桥柱,等.水火电联合短期调度的混合整数规划方法[J].中国电机工程学报,2009,29(28):82-88.

[24] Catalão J P S, Mariano S J P S, Mendes V M F, et al. A practical approach for profit-based unit commitment with emission limitations Original Research Article[J]. International Journal of Electrical Power & Energy Systems, 2010,32(3):218-224.

[25] Horsley A, Wrobel A J. Profit-maximizing operation and valuation of hydroelectric plant:A new solution to the Koopmans problem Original Research Article[J]. Journal of Economic Dynamics and Control, 2007,31(3):938-970.

[26] 邵宝珠,王优胤,宋丹.电力期货在水火电资源优化配置中的应用[J].电网技术,2010,34(11):170-175.

[27] 朱建全,吴杰康.水火电力系统短期优化调度的不确定性模型[J].电力系统自动化,2008,32(6):51-54,103.

[28] Basu M. An interactive fuzzy satisfying method based on evolutionary programming technique for multiobjective short-term hydrothermal scheduling[J]. Electric Power Systems Research,2004,69(2):277-285.

[29] Yalcinoz T, OKöksoy. A multiobjective optimization method to environmental economic dispatch[J]. International Journal of Electrical Power & Energy Systems,2007,29(1):42-50.

[30] Lu Youlin, Zhou Jianzhong, Qin Hui, et al. A hybrid multi-objective cultural algorithm for short-term environmental/economic hydrothermal scheduling[J]. Energy Conversion

and Management,2011,52(1):2121 – 2134.

[31] 文福拴,陈青松,褚云龙,等.节能调度的潜在影响及有待研究的问题[J].电力科学与技术学报,2008,23(4):72 – 77.

[32] 杨梅,王黎,马光文,等.节能调度对电力企业的影响及对策研究[J].水力发电,2009,35(1):88 – 91.

[33] 陆涛,马光文,王黎.节能调度对水力发电企业的影响及应对措施[J].华东电力,2010,38(1):36 – 38.

[34] 尚金成.节能发电调度的经济补偿机制研究(一) 基于行政手段的经济补偿机制设计与分析[J].电力系统自动化,2009,33(2):44 – 48.

[35] 尚金成.节能发电调度的经济补偿机制研究(二) 基于市场机制的经济补偿机制设计与分析[J].电力系统自动化,2009,33(3):46 – 50.

[36] 胡建军,胡飞雄.节能发电调度模式下有偿调峰补偿新机制[J].电力系统自动化,2009,33(10):16 – 18.

[37] 张森林.节能发电调度配套上网电价定价机制研究[J].电网技术,2009,33(18):105 – 110.

[38] 滕晓毕,李继红,吴臻,等.有序调停燃煤机组的节能调度模式及效益分析[J].中国电力,2010,43(9):19 – 23.

[39] 梁志宏.集散式交易模式:节能调度的有效选择[J].中国电力企业管理,2007(3):13 – 15.

[40] 胡建军.基于节能发电调度和国际贸易理念的电力市场竞争机制[J].电力系统自动化,2008,32(24):35 – 38.

[41] 苗增强,谢宇翔,姚建刚,等.兼顾能耗与排放的发电侧节能减排调度新模式[J].电力系统自动化,2009,33(25):16 – 20.

[42] 葛亮,谢宇翔,李湘祁,等.与市场机制相协调的发电交易与调度的节能减排方法[J].电工技术学报,2009,24(8):167 – 173.

[43] 周明,李科阳,李庚银.兼顾竞价和奖惩机制的节能发电调度方法[J].电网技术,2009,33(16):70 – 74.

[44] 尚金成.兼顾市场机制与政府宏观调控的节能发电调度模式及运作机制[J].电网技术,2007,31(24):55 – 62.

[45] 牛玉广,谭文,苏凯,等.节能发电调度的网厂两级优化方案[J].中国电力,2010,43(9):15 – 18.

[46] 唐茂林,王超.基于节能发电原则的实时发电调度优化模型的研究[J].继电器,2008,36(7):47 – 61.

[47] 熊小伏,秦志龙,朱继忠.计及安全约束和网损修正的节能发电调度方法及实践[J].中国电力,2010,43(9):24 – 27.

[48] 陈之栩,谢开,张晶,等.电网安全节能发电日前调度优化模型及算法[J].电力系统

自动化,2009,33(1):10-13,98.

[49] 范玉宏,张维,叶永松,等.基于机组煤耗高低匹配替换的区域电网节能调度模型[J].电网技术,2009,33(6):78-81.

[50] 徐致远,罗先觉,牛涛.综合考虑电力市场与节能调度的火电机组组合方案[J].电力系统自动化,2009,33(22):14-17.

[51] 谭忠富,陈广娟,赵建保,等.以节能调度为导向的发电侧与售电侧峰谷分时电价联合优化模型[J].中国电机工程学报,2009,29(1):55-62.

[52] 李扬,葛乐,林一.电力市场下计及节能环保的实时发电调度策略[J].电力自动化设备,2009,29(3):42-45.

[53] 唐勇俊,刘东,阮前途,等.计及节能调度的分布式电源优化配置及其并行计算[J].电力系统自动化,2008,32(7):92-97.

[54] 韩彬,周京阳,崔晖,等.引入SO_2排放惩罚价格因子的节能减排发电调度模型及实用算法[J].电网技术,2008,32(15):50-54.

[55] 喻洁,季晓明,夏安邦.基于节能环保的水火电多目标调度策略[J].电力系统保护与控制,2009,37(1):24-27.

[56] 张均良,马光文,王黎,等.节能发电调度规则下梯级水电站调度方式研究[J].人民黄河,2010,3(11):140-142.

[57] Lauer G S,Bertsekas P,Sandell N R,et al. Solution of large-scale optimal unit commitment problems[J]. IEEE Transactions on Power Application System,1982,101(1):79-86.

[58] Ngundam J M,Kenfack F,Tatietse T T. Optimal scheduling of large-scale hydrothermal power systems using the Lagrangian relaxation technique[J]. Electrical Power and Energy Systems,2000,22 (4):237-245.

[59] 杨毅刚,彭建春,周意诚,等.水火电力系统有功无功经济调度的研究[J].中国电机工程学报,1994,14(4):19-25.

[60] Ongsakul W,Petcharaks N. Fast Lagrangian relaxation for constrained generation scheduling in a centralized electricity market[J]. Electrical Power and Energy Systems,2008,30 (1):46-59.

[61] Guan X X,Luh P B,Zhang L. Nonlinear approximation method in Lagrangian relaxation-based algorithms for hydrothermal scheduling[J]. IEEE Transactions on Power Systems,1995,10 (2):772-778.

[62] Zhang D,Luh P B,Zhang Y. A bundle method for hydrothermal scheduling[J]. IEEE Transactions on Power Systems,1999,14(4):1355-1361.

[63] 白晓民,于尔铿,李朝安,等.水火电力系统开停机计划与调度[J].中国电机工程学报,1990,10(3):19-26.

[64] Sifuentes W,Vargas A. Short-term hydrothermal coordination considering an AC network

modeling[J]. Electrical Power and Energy Systems,2007,29(6):488 - 496.

[65] Sifuentes W S,Vargas A. Hydrothermal scheduling using benders decomposition accelerating techniques[J]. IEEE Transactions on Power Systems,2007,22(3):1351 - 1359.

[66] Fu Y,Shahidehpour M,Li Z Y. Long - Term Security - Constrained Unit Commitment: Hybrid Dantzig - Wolfe Decomposition and Subgradient Approach[J]. IEEE Transactions on Power Systems,2005,20 (4):2093 - 2106.

[67] 杨朋朋,韩学山.一种考虑时间关联约束的安全经济调度解法[J].电力系统自动化,2008,32(17):30 - 34.

[68] Simo T,Kenfack F,Ngundam J M. Contribution to the long - term generation scheduling of the Cameroonian electricity production system [J]. Electric Power Systems Research,2007,77(10):1265 - 1273.

[69] Catalão J P S,Pousinho H M I,Mendes V M F. Scheduling of head - dependent cascaded hydro systems:Mixed - integer quadratic programming approach[J]. Energy Conversion and Management,2010,51(3):524 -530.

[70] Fu Y, Shahidehpour M,Li Z Y. GENCO's Risk - Constrained Hydrothermal Scheduling [J]. IEEE Transactions on Power Systems,2008,23(4):1847 - 1858.

[71] Yu Z,Sparrow F T,Bowen B,et al. On convexity issues of short - term hydrothermal scheduling[J]. International Journal of Electrical Power & Energy Systems,2000,22(6): 451-457.

[72] Parrilla E,García - González J. Improving the B&B search for large - scale hydrothermal weekly scheduling problems[J]. International Journal of Electrical Power & Energy Systems,2006,28(5):339 - 348.

[73] Nowak M P,Schultz R,Westphalen M. A Stochastic Integer Programming Model for Incorporating Day - Ahead Trading of Electricity into Hydro - Thermal Unit Commitment[J]. Optimization and Engineering,2005,6(2):163 - 176.

[74] Redondo N J,Conejo A J. Short - term Hydro - thermal Coordination By Lagrangian Relaxation :Solution of the Dual Problem[J]. IEEE Transactions on Power Systems,1999,14 (1):89-95.

[75] MURAI M,KATO M. Cutting Plane Methods for Lagrangian Relaxation - Based Unit Commitment Algorithm[J]. Electrical Engineering in Japan,2002,141(3):163 - 176.

[76] Madrigal M,Quintana V H. An Interior - Point/Cutting - Plane Method to Solve Unit Commitment Problems[J]. IEEE Transactions on Power Systems,2000,15 (3):1022 - 1027.

[77] 李朝安,范明天,黄伟森,等.水火电力系统经济调度的一种新的分解和优化方法[J].中国电机工程学报,1985,5 (2):1 - 7.

[78] 王成文,韩勇,谭忠富,等.一种求解机组组合优化问题的降维半解析动态规划法[J].电工技术学报,2006,21(5):110 -116.

[79] Yang J S, Chen N M. Short – term hydrothermal coordination by using multi – pass dynamic programming[J]. IEEE Transactions on Power Systems, 1989, 4(3):1051 – 1056.

[80] Li C A, Svoboda A J, Tseng C L, et al. Hydro unit commitment in hydro – thermal optimization[J]. IEEE Transactions on Power Systems, 1997, 12(2):764 – 769.

[81] Christoforids M, Aganagic M, Awobamise B, et al. Long – term/mid – term resource optimization of a hydrodominant power system using interior point method[J]. IEEE Transactions on Power System, 1996, 11(1):287 – 294.

[82] Medina J, Quintana V H, Conejo A J. A clipping – off interior point technique for medium term hydrothermal coordination[J]. IEEE Transactions on Power System, 1999, 14:266 – 273.

[83] 韦化, 李滨, 杭乃善, 等. 大规模水火电力系统最优潮流的现代内点算法实现[J]. 中国电机工程学报, 2003, 12 (2):13 – 18.

[84] Ramos J L M, Lora A T, Santos J R, et al. Short – term hydro – thermal coordination based on interior point nonlinear programming and genetic algorithms [J]. IEEE Porto Power Tech Conference, Porto, Portuga, 2001(3):6 – 12.

[85] Fuentes – Loyola R, Quintana V H. Medium term hydrothermal coordination by semi – definite programming[J]. IEEE Transactions on Power Systems, 2003, 18(2):1515 – 1522.

[86] Oliveira A R L, Soares S, Nepomuceno L. Short term hydroelectric scheduling combining network flow and interior point approaches[J]. International Journal of Electrical Power & Energy Systems, 2005, 27(2): 91 – 99.

[87] Naresh R, Sharma J. Two – phase neural network based solution technique for short term hydrothermal scheduling[J]. IEE Proc – Gener Transm Distrib, 1999, 146(6):657 – 663.

[88] Basu M. Hopfield neural networks for optimal scheduling of fixed head hydrothermal power systems[J]. Electric Power Systems Research, 2003, 64(1):11 – 15.

[89] Dieu V N, Ongsakul W. Enhanced merit order and augmented Lagrange Hopfield network for hydrothermal scheduling[J]. International Journal of Electrical Power & Energy Systems, 2008, 30(2):93 – 101.

[90] 谢永胜, 孙洪波, 徐国禹. 基于模糊来水量模糊负荷的短期水火电调度[J]. 中国电机工程学报, 1996, 16(6):430 – 433.

[91] Dhillon J S, Parti S C, Kothari D P. Fuzzy decision – making in stochastic multi – objective short-term hydrothermal scheduling[J]. IEE Proc – Gener Transm Distrib, 2002, 149(2):191 – 200.

[92] Basu M. Bi – Objective Generation Scheduling of Fixed Head Hydrothermal Power Systems through an Interactive Fuzzy Satisfying Method and Particle Swarm Optimization[J]. International Journal of Emerging Electric Power Systems, 2006, 6(1):1 – 18.

[93] Orero S O, Irving M R. A genetic algorithm modeling framework and solution technique for

short-term optimal hydrothermal scheduling[J]. IEEE Transactions on Power Systems, 1998,13 (2):501 - 518.

[94] Wong K P, Wong Y W. Short-term hydrothermal scheduling, Part 1: simulated annealing approach[J]. IEE Proc - Gener Transm Distrib,1994,141(5):497 - 501.

[95] Basu M. Artificial immune system for fixed head hydrothermal power system[J]. Energy, 2011,36(1):606 - 612.

[96] Lakshminarasimman L,Subramanian S. A modified hybrid differential evolution for short - term scheduling of hydrothermal power systems with cascaded reservoirs[J]. Energy Conversion and Management,2008,49(10):2513 - 2521.

[97] Yu B H, Yuan X H, Wang J W. Short - term hydro - thermal scheduling using particle swarm optimization method[J]. Energy Conversion and Management,2007,48(7):1902-1908.

[98] Yuan X H, Yuan Y B. Application of cultural algorithm to generation scheduling of hydrothermal systems[J]. Energy Conversion and Management,2006,47(15):2192 - 2201.

[99] Wolpert D H, Macready W G. No Free Lunch Theorems for Optimization[J]. IEEE Transactions on Evolutionary Computation,1997,1(1):67 - 82.

[100] Wong S Y W. Hybrid simulated annealing/genetic algorithm approach to short-term hydro - thermal scheduling with multiple thermal plants[J]. International Journal of Electrical Power & Energy Systems,2001,23(7):565 - 575.

[101] 胡家声,郭创新,曹一家.一种适合于电力系统机组组合问题的混合粒子群优化算法[J].中国电机工程学报,2004,24(4):24 - 28.

[102] Sivasubramani S,Swarupa K S. Hybrid DE - SQP algorithm for non - convex short term hydrothermal scheduling problem[J]. Energy Conversion and Management,2011,52(1):757 - 761.

[103] 罗益民,余燕.大学物理[M].北京:北京邮电大学出版社,2004.

[104] 叶秉如.水利计算与水资源规划[M].北京:中国水利水电出版社,1995.

[105] Zaghlool F M,Trutt F C. Efficient optimal scheduling for fixed head hydrothermal power system[J]. IEEE Transactions on Power Systems,1988,11(1):24 - 30.

[106] El - Hawary M E,Ravindranath K M. Optimal operation of variable head hydrothermal systems using the Glimn - Kirchmayer model and the Newton - Raphson method[J]. Electric Power Systems Research,1988,14(1):11 - 22.

[107] Hreinsson E B. Optimal dispatch of generating units of the Itaipu hydroelectric plant[J]. IEEE Transactions on Power Systems,1988,3(3):1072 - 1077.

[108] Soares S,Carneiro A A F M. Optimal operation of reservoirs for electric generation[J]. IEEE Transactions on Power Systems,1991,6(3):1101 - 1107.

[109] 蔡建章,蔡华祥,吴东平.水电站弃水电量计算探讨[J].电力系统自动化,2000,25

(10):64 - 65.

[110] Naresh R,Sharma J. Hydro system scheduling using ANN approach[J]. IEEE Transactions on Power Systems,2000,15(1):388 – 395.

[111] Walters D C,Sheble G B. Genetic algorithm solution of economic dispatch with value point loading[J]. IEEE Transactions on Power Systems,1993,8(3):1325 – 1332.

[112] 柳焯.最优化原理及其在电力系统中的应用[M].哈尔滨:哈尔滨工业大学出版社,1988.

[113] 洪钧.火电调峰机组负荷分配优化的数学模型[J].中国电机工程学报,1990,10(1):60 – 67.

[114] 何仰赞,温增银.电力系统分析(下册)[M].武汉:华中科技大学出版社,2002.

[115] 张金城.电力系统网损微增率的计算方法[J].电机工程学报,1966(1):35 - 48.

[116] 于尔铿,赵国虹,王世缨,等.电力系统经济调度中网损修正方法的试验研究[J].中国电机工程学报,1985,5(3):21 - 26.

[117] Bazaraa M S,Sherali H D,Shetty C M. Nonlinear Programming Theory and Algorithms [M]. John Wiley & Sons,Inc,1979.

[118] Birbil S I,Fang S C. An electromagnetism – like mechanism for global optimization[J]. Journal of Global Optimization[J]. 2003,25(3):263 - 282.

[119] Lan F,Gao L. An EM – based algorithm for constrained layout optimization[J]. FRONTIE-RS SCIENCE SERIES,2007,49(3):489 - 490.

[120] Yurtkuran A,Emel E. A new Hybrid Electromagnetism – like Algorithm for capacitated vehicle routing problems[J]. Expert Systems With Applications,2010,37(4):3427 - 3433.

[121] A C Rocha A M,M G P Fernandes E. Hybridizing the Electromagnetism – like algorithm with decend search for solving engineering design problems[J]. International Journal of Computer Mathematics,2009,10(11):1932 - 1946.

[122] Lee C H,Chang F K. Fractional – order PID controller optimization via improved electromagnetism – like algorithm[J]. Expert Systems with Applications,2010,37(12):8871 - 8878.

[123] 习岗.大学基础物理学[M].北京:高等教育出版社,2008.

[124] Cowan E W. Basic Electromagnetism[M]. New York:Academic Press,1968.

[125] Birbil S I. Stochastic global optimization techniques[D]. Doctor Dissertation of North Carolina State University,2002.

[126] 周明,孙树栋.遗传算法原理及应用[M].北京:国防工业出版社,1999.

[127] 陈国良,王煦法,庄镇泉,等.遗传算法及其应用[M].北京:人民邮电出版社,1996.

[128] 解可新,韩立兴,林友联.最优化方法[M].天津:天津大学出版社,1997.

[129] 王凌.智能优化算法及其应用[M].北京:清华大学出版社,2004.

[130] Birbil S I. On the convergence of a population based global optimization algorithm[J]. Journal of global optimization,2004,30(2):301 – 318.

[131] Lidgate D,Amir B H. Optimal operational planning for a hydro – electric generation system[J]. IEE PROCEEDINGS,1988, 135(3):169 – 181.

[132] Soares S,Salmazo C T. Minimum loss predispatch model for hydroelectric power systems [J]. IEEE Transactions on Power Systems,1997,12(3):1220 – 1228.

[133] Alexander K V,Giddens E P. Optimum penstocks for low head microhydro schemes[J]. Renewable Energy,2008,33 (3):507 – 519.

[134] Paravan D,Stokelj T,Golob R. Improvements to the water management of a run – of – river HPP reservoir:methodology and case study[J]. Control Engineering Practice,2004, 12,(4):377 – 385.

[135] 原文林,黄强,王义民,等. 最小弃水模型在梯级水库优化调度中的应用[J]. 水力发电学报,2008,27(3):16 – 21.

[136] 郭壮志,吴杰康,孔繁镍,等. 梯级水电站水库蓄能利用最大化的长期优化调度[J]. 中国电机工程学报,2010,30(1):20 – 26.

[137] 王兴,刘广一,于尔铿. 一种改进的火电厂耗煤特性曲线拟合方法[J]. 电网技术, 1995,19(5):20 – 24.

[138] 吴杰康,郭壮志. 基于仿电磁学算法的梯级水电站多目标短期优化调度[J]. 中国电机工程学报,2010,30(31):14 – 21.

[139] Wong K P,Yuryevich J. Evolutionary – programming – based algorithm for environmentally – constrained economic dispatch[J]. IEEE Transactions on Power Systems,1998,13 (2):301 – 306.

[140] Za'rate – Minano R,Conejo A J,Milano F. OPF – based security redispatching including FACTS devices[J]. IET Gener Transm Distrib,2008,2(6):821-833.

[141] Christiano L,Luiz R. A multi – objective approach to the short – term scheduling of a hydroelectric power system[J]. IEEE Transactions on Power Systems,1995,10(4):1750-1754.

[142] Fahmy F H. Scheduling and resource allocation of non – conventional power systems via multi level approach[J]. Proceedings of the 37th Midwest Symposium on Circuits and Systems,1994(2):1483 – 1486.

[143] YOKOYAMA R,BAE S H, MORITA T,et al. Multiobjective optimal generation dispatch based on probability security criteria[J]. IEEE Transactions on Power Systems,1988,3 (1):317 – 324.

[144] Agrawal S,Panigrahi B K,Tiwari M K. Multiobjective Particle Swarm Algorithm with fuzzy clustering for electrical power dispatch[J]. IEEE Transactions on Evolutionary Computation,2008,12(5):1750 – 1754.

[145] Xu J X, Chang C S, Wang X W. Constrained multiobjective global optimisation of longitudinal interconnected power system by genetic algorithm[J]. IEE Proc – Gener Transm Distrib, 1996, 143(5):135 – 1754.

[146] Das D B, Patvardhan C. New multi – objective stochastic search technique for economic load dispatch[J]. IEE Proc – Gener Transm Distrib, 1998, 145(6):747 – 752.

[147] 王欣,秦斌,阳春华,等. 基于混沌混合遗传优化算法的短期负荷环境和经济调度 [J]. 中国电机工程学报,2006,26(11):128 – 133.

[148] Ramesh V C, Xuan Li. A Fuzzy Multiobjective Approach to Contingency Constrained OPF [J]. IEEE Transactions on Power Systems,1997,12(3):1348 –1354.

[149] 胡国强,贺仁睦. 梯级水电站多目标模糊优化调度模型及其求解方法[J]. 电工技术 学报,2007,22(1):154-158.

[150] Ladurantaye D D, Gendreau M, Potvin J Y. Optimizing profits from hydroelectricity production[J]. Computers & Operations Research,2009,36(2):499 – 529.

[151] 吴杰康,朱建全. 机会约束规划下的梯级水电站短期优化调度策略[J]. 中国电机工 程学报,2008,28(13):41 –46.

[152] 曾勇红,姜铁兵,张勇传. 三峡梯级水电站蓄能最大长期优化调度模型及分解算法 [J]. 电网技术,2004,28(10):5 –8.

[153] Dhillon J S, Parti S C, Kothari D P. Fuzzy decision – making in stochastic multiobjective short – term hydrothermal scheduling[J]. IEE Proc – Gener Transm Distrib, 2002, 149 (2):191 – 200.

[154] Milano F, Cañizares C A, Invernizzi M. Multiobjective Optimization for Pricing System Security in Electricity Markets[J]. IEEE Transactions on Power Systems, 2003, 18(2): 596-604.

[155] Gent M R, Lamont J Wm. Minimum – emission dispatch[J]. IEEE Transactions on Power Apparatus and Systems,1971,PAS –90(2):2650 – 2660.

[156] 于尔铿. 现代电力系统经济调度[M]. 北京:水利电力出版社,1986.

[157] 唐焕文,秦学志. 实用最优化方法[M]. 大连:大连理工大学出版社,2005.

[158] Zitzler E, Thiele L. Multiobjective evolutionary algorithms:a comparative case study and the strength Pareto approach[J]. IEEE Transactions on Evolutionary Computation,1999, 3(4):257 – 271.

[159] Knowles J D, Corne D W. Approximating the nondominated front using the Pareto archived evolution strategy[J]. Evolutionary Computation,2000,8(2):149 – 172.

[160] Deb K, Pratap A, Agarwal S, et al. A fast and elitist multi – objective genetic algorithm: NSGA –II[J]. IEEE Transactions on Evolutionary Computation ,2002,6(2):182 – 197.

[161] Carlos P B. Efficiency analysis of hydroelectric generating plants:A case study for Portu-

gal[J]. Energy Economics,2008,30(1):59 - 75.

[162] 王敬敏,张艳,陶鹏. 基于 DEA 的 600 MW 火力发电机组的经济效益评价[J]. 华东电力,2006,34(1):41 - 43.

[163] 刘艳,顾雪平,张丹. 基于数据包络分析模型的电力系统黑启动方案相对有效性评估[J]. 中国电机工程学报,2006,25(6):32 - 38.

[164] 魏权龄. 数据包络分析[M]. 北京:科学出版社,2006.

[165] Arakawa M,Hagiwara I,Nakayama H,et al. Multi - objective optimization using adaptive range genetic algorithms with data envelopment analysis[C]. Proceedings of AIAA Conference on Multidisciplinary Analysis & Optimization,Saint Louis,USA,1998:2074-2082.

[166] Bahramirad S,Reder W,Khodaei A. Reliability Constrained Optimal Sizing of Energy Storage System in a Microgrid[J]. IEEE Transactions on Smart Grid,2012,3(4):2056-2062.

[167] Testa A,De Caro S,La Torre R,et al. Optimal design of energy storage systems for stand-alone hybrid wind/PV generators[C]. 2010 International Symposium on Power Electronics Electrical Drives Automation and Motion (SPEEDAM),Pisa,2010:1291 - 1296.

[168] 林少伯,韩民晓,赵国鹏,等. 基于随机预测误差的分布式光伏配网储能系统容量配置方法[J]. 中国电机工程学报,2013,33(4):25 - 33.

[169] 吴红斌,郭彩云. 计及电动汽车的分布式发电系统中储能单元的优化配置[J]. 中国电机工程学报,2012,32(S):15 - 21.

[170] 吴云亮,孙元章,徐箭,等. 基于饱和控制理论的储能装置容量配置方法[J]. 中国电机工程学报,2011,31(22):32 - 39.

[171] 韩晓娟,程成,籍天明,等. 计及电池使用寿命的混合储能系统容量优化模型[J]. 中国电机工程学报,2013,33(34):91 - 97.

[172] Arulampalam A,Barnes M,Jenkins N,et al. Power quality and stability improvement of a wind farm using STATCOM supported with hybrid battery energy storage[J]. IEE Proceedings Generation,Transmission and Distribution,2006,153(6):701 - 710.

[173] Shi J,Tang Y,Dai T,et al. Determination of SMES capacity to enhance the dynamic stability of power system[J]. Physica C:Superconductivity,2010,470(20):1707 - 1710.

[174] Mohod S W,Hatwar S M,Aware M V. Grid Support with Variable Speed Wind Energy System and Battery Storage for Power Quality[J]. Energy Procedia,2011,12(1):1032-1041.

[175] 王成山,于波,肖峻,等. 平滑可再生能源发电系统输出波动的储能系统容量优化方法[J]. 中国电机工程学报,2012,32(16):1 - 8.

[176] 严干贵,冯晓东,李军徽,等. 用于松弛调峰瓶颈的储能系统容量配置方法[J]. 中国电机工程学报,2012,32(28):27 - 35.

[177] 韩涛,卢继平,乔梁,等.大型并网风电场储能容量优化方案[J].电网技术,2010,34(1):169 – 173.

[178] 黎静华,文劲宇,程时杰,等.基于 p – 有效点理论的含大规模风电电力系统最小储能功率配置方法[J].中国电机工程学报,2013,33(13):45 – 52.

[179] 冯江霞,梁军,张峰,等.考虑调度计划和运行经济性的风电场储能容量优化计算[J].电力系统自动化,2013,37(10):90 – 95.

[180] Li Q,Choi S S,Yuan Y,et al. On the Determination of Battery Energy Storage Capacity and Short-Term Power Dispatch of a Wind Farm[J]. IEEE Transactions on Sustainable Energy,2011,2(2):148 – 158.

[181] 张立卫.最优化方法[M].北京:科学出版社,2010.

[182] 徐林,阮新波,张步涵,等.风光蓄互补发电系统容量的改进优化配置方法[J].中国电机工程学报,2012,32(25):88 – 98.